全图解 制作 附石

盆景石

王琼培

编著

 海峡出版发行集团 | 福建科学技术出版社
THE STRAITS PUBLISHING & DISTRIBUTING GROUP | FUJIAN SCIENCE & TECHNOLOGY PUBLISHING HOUSE

图书在版编目（CIP）数据

附石盆景制作全图解 / 王琼培编著 . —福州：
福建科学技术出版社 , 2023.11
ISBN 978-7-5335-7043-9

Ⅰ . ①附… Ⅱ . ①王… Ⅲ . ①盆景－观赏园艺－图解
Ⅳ . ① S688.1-64

中国国家版本馆 CIP 数据核字（2023）第 116827 号

书　　名	附石盆景制作全图解	
编　　著	王琼培	
出版发行	福建科学技术出版社	
社　　址	福州市东水路 76 号（邮编 350001）	
网　　址	www.fjstp.com	
经　　销	福建新华发行（集团）有限责任公司	
印　　刷	福建新华联合印务集团有限公司	
开　　本	700 毫米 × 1000 毫米　1/16	
印　　张	8.5	
图　　文	136 码	
版　　次	2023 年 11 月第 1 版	
印　　次	2023 年 11 月第 1 次印刷	
书　　号	ISBN 978-7-5335-7043-9	
定　　价	48.00 元	

书中如有印装质量问题，可直接向本社调换

前言
PREFACE

  附石盆景是大自然秀丽风光的缩影。制作者以"缩地千里""缩龙成寸"之艺术手法，把自然界的奇峰异石、古树苍木浓缩于咫尺盆盎中，使其成为立体的画、无声的诗、有生命的艺术品，供人们欣赏。

  附石盆景的制作，综合应用了树桩盆景和山水盆景的造型技艺，但它的景观结构又与树桩、山水、树石等盆景有所不同。附石盆景是以石和树为主景，把石、树各自的形态美恰当、自然地融为一体，石刚树柔、刚柔相济，石因树而妍，树得石而雅；石、树和树根三大景观要素有机地组成了附石盆景独特的形态美，使人百看不厌、回味无穷。

  附石盆景，尤其是小型附石盆景的制作，取材容易、方法简便、成型快捷、成本低廉，且因其体积小、重量轻、搬动容易，所以摆设地点不受限制，阳台、窗台、厅堂、居室，只要有适度光线的地方都可以摆放。随着人们生活水平的不断提高，工作环境和居住条件的不断改善，附石盆景以其造型之新颖、风韵之独特而备受人们的青睐。

制作和欣赏附石盆景，不但可使人领略到大自然清新优雅、朝气蓬勃、奋发向上的气息，而且可消除工作和生活上的烦恼与苦闷，陶冶情操，增进身心健康，丰富生活内容，对个人和社会都有很多益处。

笔者根据多年的研究和实践经验编写成本书。书中对附石盆景的选材、制作、养护管理与陈设，作了详细的阐述，每道工序均配有相应的图解，使读者易学易懂，易于实践。

本书承蒙京土先生协助绘图，黄翔先生帮助图片上色；在写作过程中，还得到了蔡幼华、余乃源、吴章辉、吴绍进、林桂明等先生的支持和帮助，在此一并致谢。由于水平有限，时间短促，书中难免有错漏之处，敬请读者批评指正。

目 录
CONTENTS

第一章
附石盆景制作准备 /1

第二章

附石盆景制作与成型 /57

第三章

附石盆景养护管理 /90

第四章

"以石代土"附石盆景制作
与养护 /115

附石盆景_{制作全图解}

附石盆景制作

准备

盆景立意与造型构思

附石盆景制作前，必须先立意。所谓立意，是确定盆景的造型要体现的主题思想。不论做什么事情，都要事先考虑为什么要做？怎么做？要达到什么目的？就像写文章，也得先确定主题，然后才动笔。要画一幅山水画，也应先思考画什么？是画名胜古迹，还是画城市风光？制作附石盆景也是这样，必须先确定创作的主题和造型构思，然后再动手制作。

附石盆景是大自然的缩影，它的立意与造型，必须源于自然，高于自然。我国地大物博、风景秀丽，各地名山奇石、古树苍木，资源十分丰富，例如泰山、华山、黄山、庐山、张家界、武夷山等奇峰怪石及其生长着的苍劲古朴的树木，都是附石盆景取之不尽、用之不竭的创作源泉。盆景制作者要深入自然、了解自然，广泛收集和积累创作素材，同时还要加强文学艺术修养，经常参阅山水画、诗词、文学、园艺书刊，不断丰富自己的艺术和科技知识，这样，在盆景立意创作和造型构思中就会得心应手。

立意不是凭空想象，而是在观察、认识自然中，在生活实践中，在文化科技知识的学习中，得到启发，产生创作的欲望，形成创作的主题。有了主题以后，就可以有目的地进行创作。例如，拟创作"悬崖劲松"附石盆景，以表现人们不怕艰难险阻、顽强拼搏的精神为主题，整个造型就必须围绕这一主题，在石的奇峭险峻和树的苍劲顽强

【相融】

榆树＋英德石
作者：王琼培

方面,多下功夫,巧妙造型,使主题更加鲜明突出,意境更为深刻感人,从而避免了制作的盲目性。主题是盆景的灵魂,如果没有主题而制作盆景,便难以创作出形神兼备、如诗如画的优秀作品来。

　　盆景立意与造型构思,是应同时思考的两个内容。盆景的立意过程,实际上也是造型构思的过程,有了立意,造型也就胸有成竹了。造型构思包括选用何种石材、加工何种石形、搭配何种树形等,都要做到心中有数,经过思考才能勾画出石和树的造型草图。

　　附石盆景在大规模商品化生产时,是无法做到先立意而后制作的,只能按现有石材和树木的形态进行搭配造型。在成型后,再选择形状较理想的作品进行命名。

二、 石材的选择与加工

1 | 石材的种类

　　我国幅员辽阔,可供选择制作附石盆景的石材种类繁多,分布很广,资源丰富。目前,常用的石材有松质石和硬质石两大类。

　　(1)松质石类　松质石又称软石,常见的有芦管石、砂积石、海母石、浮水石,其特点是质地比较松软,易于加工造型,吸水性

芦管石　　　　　　砂积石　　　　　　海母石

几种松质石种的形态

能好，有利于树木的生长，石体表面容易生长青苔，是初学盆景制作者的首选石料。但松质石易风化破损，因其石质松软，不宜作根部穿透力强的榕树等树木附植，否则石体易被树根穿透挤裂。

芦管石：又称鸡骨石，有土黄、灰白等颜色。芦管石产生于石灰岩地层，由流淌的碳酸钙水在草秆、树枝表面沉积、凝聚而成，多呈芦管状、鸡骨状结构，间隙较多，孔洞通透，吸水性强，石形千姿百态，略经加工即可成型，但质地较脆，加工时易断裂。芦管石主产地为四川、湖北、湖南、浙江、安徽、河北、山西、广西等地。

砂积石：又称上水石、吸水石。颜色有灰白、棕黄、土黄、砖红等，是由石灰岩不断水解后沉积而成。其质地疏松，石内密布小孔，并含有草根、苔藓等植物痕迹，石质有粗有细，易于雕凿造型，吸水性强，有利于植物的生长。砂积石分布较广，四川、广西、广东、

【向天歌】
芦管石＋异叶南洋杉
作者：王琼培

【守望】
异叶南洋杉＋芦管石
作者：王琼培

【鹿影】

异叶南洋杉 + 砂积石
作者：王琼培

异叶南洋杉 + 海母石
作者：王琼培

云南、贵州、湖南、湖北、河南、江苏、安徽、浙江、江西等地均有出产。

海母石：又称珊瑚石、海浮石。海母石是由珊瑚虫大量群居繁殖，死亡后表面又附生新的珊瑚虫，这样不断交替，积聚成了大块的珊瑚礁石。石体较轻、质地疏松、颜色洁白、吸水性强、容易雕凿，依其形成时间的长短，又有细质和粗质之分。细质为新近形成的，质地较嫩，小刀可刻；粗质为形成年久的，质地坚硬。海母石因产于海中，含盐分较高，附植树木前应用清水反复多次浸泡、冲洗，除去盐分后方可使用，主产地为福建、广东、海南等沿海省份。

罗汉松 + 海母石
作者：郑振竹

5

异叶南洋杉＋火山石
作者：王琼培

浮水石：又称沸浮石、火山石。颜色有灰黄、灰黑等，是火山喷发出的岩浆冷凝而成的。石体较轻、质地疏松，石内气孔分布密集，吸水性强，能浮于水面，易雕凿造型，有利于植物生长，主产地为云南、黑龙江、吉林等省的火山口附近地区。

（2）硬质石类　硬质石的特点是质地坚硬、不吸水、难雕凿，但其形态自然、纹理生动、石形挺拔，根部穿透力强的树种多用这类石材。

英德石

砂片石

太湖石

灵璧石

斧劈石

龟纹石

　　　几种硬质石种的形态

【觅】

榆树＋英德石

作者：王琼培

英德石：又称英石，因主产于广东英德而得名。颜色有青灰、灰黑等，个别石块间有白色或灰白色脉纹，是由裸露的石灰岩经风雨侵蚀散落，形成千姿百态的大小碎块。英德石正背两面区别明显，正面形态丰富，褶皱较密，纹理清晰，背面形态平淡。英德石质地坚硬、石体沉重，难于雕凿。制作小型附石盆景，应挑选小巧玲珑、纵向皱纹较深的石料，或挑选体态嶙峋、长条状小石块，用拼接法进行黏合造型。

【咬定悬崖不放松】

异叶南洋杉＋英德石

作者：王琼培

【胸中之情】

柘木＋英德石

作者：王琼培

7

灵璧石＋异叶南洋杉
作者：王琼培

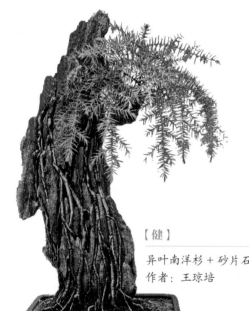

【健】

异叶南洋杉＋砂片石
作者：王琼培

砂片石：颜色有灰白、灰黑、淡棕等，是砂粒沉积后，经胶合而形成。石形有块状、片状、棒状等，石体皱纹线条流畅、峰棱显著。砂片石有一定的吸水性，质地较硬且脆，不易雕凿，主产地为四川、湖北、福建等省。

太湖石：又称湖石，有白、灰白、灰黑等色。太湖石形态奇特，线条圆浑柔和，皱纹起伏回旋，有较多孔洞和穴窝分布。体积小的可作附石盆景用材，主产地为江苏、浙江、安徽等省。

灵璧石：又称磐石，有黑、灰、白、赤等多种颜色，质地坚硬，叩击时有清脆的金属声，石形富于变化，孔洞和沟槽较多，主产地为安徽省灵璧县。

斧劈石：又称劈石、剑石，有深灰、灰白、土黄、青黑、浅棕、土红（五彩斧劈石）等色。斧劈石属沉积岩类，石体纹理挺拔、刚直平行，犹如斧劈。石形多呈条状或片状，敲凿为纵向开裂，质地坚硬而脆，不吸水，适宜制作雄伟挺拔、高耸峻峭的石型，主产地为江西、浙江、江苏、安徽等省。

龟纹石：又称龟灵石，有灰、灰白、褐黄等色。石表有裂缝和沟纹纵横交叉，形如龟裂，表面沟纹有深浅粗细之分，石质坚硬、体态浑圆，不吸水，主产地为四川、山东、湖北、安徽、广西、江苏等地。

除上述常用石种外，可供制作附石盆景的还有叶蜡石、钟乳石、千层石、泥结石等。

2. | 石材的选择

选择石材，必须按照创作主题的要求，选取符合或接近主题要求的石形，不用或少用人工雕凿造型的石材，尽量保持石材原有的自然形态。

在选石前，应首先摸清各种石料的质地、特点和纹理结构，做到知材选材。附石盆景所用的石材，一般要求被挑选的石体正面有两三条纵向沟槽，石顶或上部有凹坑，可供树木嵌植和树根附着延伸，石体高度要 10~40 厘米。如能挑选到瘦、皱、漏、透的石材，则更为理想。这里说的"瘦"是有棱角，不臃肿；"皱"是表面有皱纹，不平滑；"漏"是有孔隙，能通气渗水；"透"是有孔洞，视线可通。

选石时，要避免选取有暗裂的石材，可将石块提起，用铁条或硬质石块轻敲石体，如发生清脆的声音说明无裂缝；如发生沉闷的混杂音说明石体已有裂痕，不可采用。

在选石过程中，对不同质地的石材，应有不同的要求，松质石可通过人工雕凿而达到造型的要求。因此在选石时，对其天然形状，不必要求太高；硬质石需用雕刻机雕凿，在选石时必须注重选择自然成形的石材。

目前，我国各地盆景石材流通领域比较活跃，在石材资源缺乏的地区，也可从当地市场选购到所需要的石料。另外，还可通过网购获得所需要的石料。

3. | 石材的加工

（1）工具准备　附石盆景石材的雕凿仍以手工操作为主，所需的工具主要有以下几种，在五金商店均可买到。

琢镐：即一头尖、一头扁的铁镐。尖头用来雕凿沟槽、皱纹、坑凹等；扁头用于劈凿较大的石块，或劈去石体多余的部分。

　　钢锯：用于松质石石体基部的锯截。

　　切割机：用于松质石大块石体的分割和硬质石基部的锯截，换装钢丝轮后，可用于对人工雕凿形成的棱角进行打磨消痕。

　　雕刻机：用于雕刻沟槽，以便嵌植树干或树根。

　　钢丝刷：用于擦刷消除松质石人工雕凿形成的棱角和痕迹。

　　毛刷：用于清除石体上的石屑、粉尘等杂物。

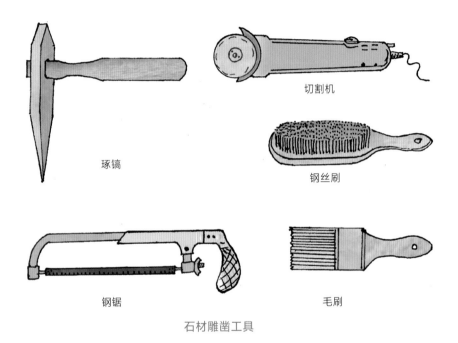

琢镐

切割机

钢丝刷

钢锯

毛刷

石材雕凿工具

　　（2）造型设计　动手雕凿前，应按照创作主题和造型设想，对石材的外部形态及其纹理结构，从不同方向、不同角度进行反复、耐心地观察比较，从姿势、角度的变换观察中，找到最佳观赏面，然后在石料上画出造型轮廓雕凿线。

　　石材的造型方法，应依石质与石形的不同，因材施艺。有的石材已基本自然成型，只需作轻度修凿即可；有的石材一块无法成景，需要用另一块石材与之拼接；有的用一块松质石料就可完全按照造型设计进行雕凿加工。完成石材的造型设计后，对如何进行雕凿加

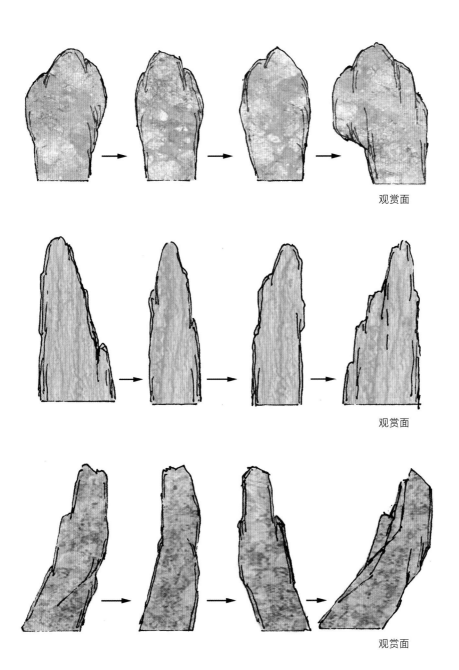

观赏面

观赏面

观赏面

几种石材造型观赏面的选定

造型轮廓的勾画与雕凿

工及怎样使其形态更加完美等问题，都要考虑清楚，做到心中有数后，才可动手加工。

在开始设计和雕凿时，制作者要保持轻松愉快的心态，这是盆景创作最基本的心理条件。否则，在心情急躁、充满烦恼的心态下进行构思和雕凿，不但难以设计出好的造型，而且很可能会把一块颇有造型价值的石料变成废品。

（3）造型轮廓与沟槽的雕凿　石材的雕凿造型不能急于求成，要根据造型设计，先雕凿外表轮廓，然后由粗及细、由表及里，逐步进行。

轮廓的雕凿是石材造型最关键的一道工序，一块石材等于一座石山，只有把它的外表形态刻得恰当、自然，才能使整体造型符合创作主题，给下一步的雕凿打下基础。如果轮廓形态失去造型的基本姿势，即使下一步注重表面的精雕细刻，也仍然使盆景缺乏艺术的魅力。

轮廓雕凿完成后，就可着手于起伏山势和沟槽的雕凿。石体表面的沟槽分布于山势起伏之间的凹陷处，即山沟，它既是体现形态变化的重要特征，也是树木根部嵌植延伸的轨道。沟槽的走向，要因石势和树根的走势而定。在已备好树木的情况下，可先把树木挖起，摸清树木根部的大小、数量及长度，然后根据树木根部的生长情况，在石体上勾画出顺山势起伏的沟槽走向图，再用琢镐从上至下、由浅及深地轻雕细琢，使石体表面形成起伏的山势和沟槽。对未备好树木而先雕凿石形的，因不明了树木根部的生长状态，只能先雕凿轮廓，待到嵌植树木时，再按根部的数量和形态，确定沟槽的走向后做进一步的雕凿。

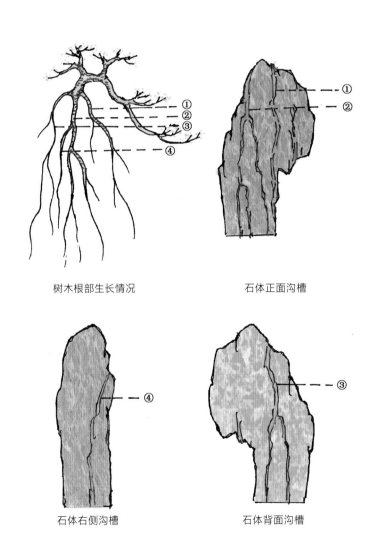

树木根部生长情况　　　　　石体正面沟槽

石体右侧沟槽　　　　　　石体背面沟槽

沟槽走向分布与雕凿

小型附石盆景的沟槽数量不宜太多，一般要求石体正面有 2~3 条沟槽从定植点延伸至石体底部，侧面或背面最好也要有 1~2 条沟槽从定植点延伸至底部，这样可使树木的根部分布于各个侧面，既丰富了各个方向的形态，也使树木与石体附着得更加牢固。

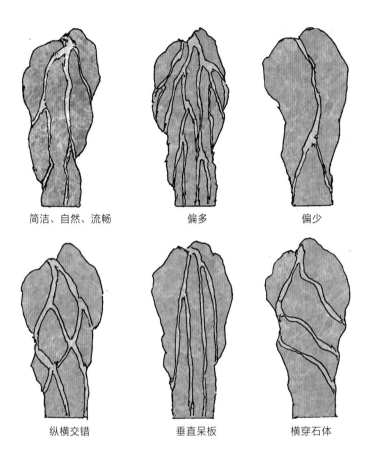

简洁、自然、流畅　　　　　　偏多　　　　　　　　偏少

纵横交错　　　　　　　　垂直呆板　　　　　　横穿石体

石体正面沟槽走向与分布的比较

　　沟槽的走势应沿起伏的山势蜿蜒而下，成纵向分布，切忌形成直线和纵横交错的状况。对石体表面自然形成的起伏山势和沟槽应尽量利用，一般不做轻易改动，或仅略加修饰即可。

　　沟槽雕刻应采用加装圆形钻头的雕刻机。沟槽的大小应比嵌入树干或根的直径大 2~3 毫米。整条沟槽不能一样大小，如果是以根附石的，按根的形状，应该是上大下小；如果是以树干附石的，应该上小下大。沟槽的深度以嵌入的树干或根与石面平整为宜。沟槽的横切面不能雕刻成"U"形，应该是圆形，可用圆形钻头进行加工。这样嵌入沟槽的树根或树干长大后才能紧抱石体，不会被挤出沟槽。嵌入沟槽的树干或树根不断膨大填满沟槽后，在沟槽挤压下，开始变形并向石块表面成扁状扩展，生成树抱石的特有奇观。据初步观察，目前有榆树、朴树和榕树等树种的树干嵌入沟槽制作的附石盆景，比较容易形成上述树抱石奇观。

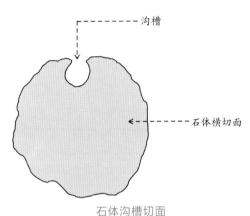

石体沟槽切面

榆附石两年后树干抱石情形

榆树茎干嵌入沟槽后两年抱石情形

15

雕凿沟槽时，小的石块可抓在手上或放在沙盘上雕凿，较大的石块可置于工作台或地面上。雕凿时，用力不可太猛，心情不能急躁。

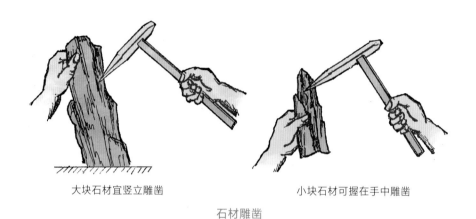

大块石材宜竖立雕凿　　　　　　　　　小块石材可握在手中雕凿

石材雕凿

　　中小型附石盆景的石体在沟槽雕凿完成后，还要对石体表面缺乏皱纹的平滑部位进行精细雕刻，使之形成适当的皱纹，与沟槽分布相融合。皱纹的形式可吸取中国山水画的皴法，将其应用到松质石的皱纹雕刻中去。

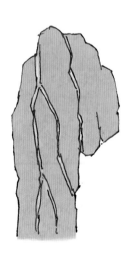

有沟槽无皱纹
石材有失自然

沟槽与皱纹相融合
具有天然魅力

　　　　　　　沟槽与皱纹的雕凿

硬质石自然形成的沟槽与皱纹，一般不宜改动，应保持自然的特色，才更具艺术魅力。

（4）定植点雕凿　定植点是指石体上树头固定的地方。定植点位置的选择恰当与否，对树能否与石有机结合，融为一体，起到关键性的作用。定植点的确定不论对何种石形与树形，一般均应安排在石体上部的边缘或石体的顶端，不宜放在石体正面的中间。定植点的大小和深浅应以能固定树木的基部为准。在嵌植树木前，可先预留位置，雕凿雏形，然后在嵌植时再按树木基部的大小做进一步的雕凿。有部分根群发达的树木（如榕树），不需要雕凿定植点，只要直接把根部紧抱在石上，就能把树木固定下来。

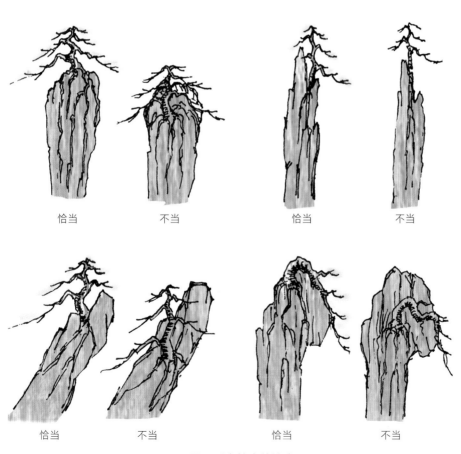

| 恰当 | 不当 | 恰当 | 不当 |

| 恰当 | 不当 | 恰当 | 不当 |

不同石形定植点的选定

（5）黏结 在石材的造型加工中，往往会发现石体的高度、厚度或动势不够，或某一部位过于突出、悬险不足、姿态不美等，必须选用另一块石质、颜色、纹理走向与其相同的石材，相互拼接，使缺陷得到弥补，从而获得较好的造型效果。

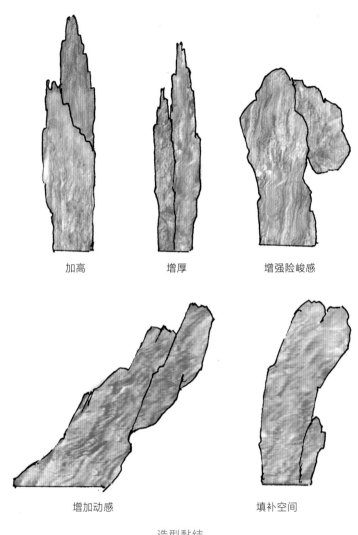

加高　　　　　增厚　　　　　增强险峻感

增加动感　　　　　　　填补空间

造型黏结

拼接的方法是先将连接部位凿平，或形成一定的波浪形，使两块石头的接口能够吻合，然后用清水把石粉冲洗干净，待接口干燥后，双面涂上胶水，随即对接、挤压。如果发现胶水从接缝溢出，应将其刮除，并在接缝处撒些颜色相同的石粉，使其粘在缝口的胶水上，以增强接缝的隐蔽性。最好把接缝安排在沟槽里，以后用嵌植的树根盖住，使人难以发现。如果是石材主体发生断裂，应保护好裂口，使其不再受磨损，在断裂的两块石体断面上涂胶水，对准原裂痕黏合，具体做法同造型黏结。

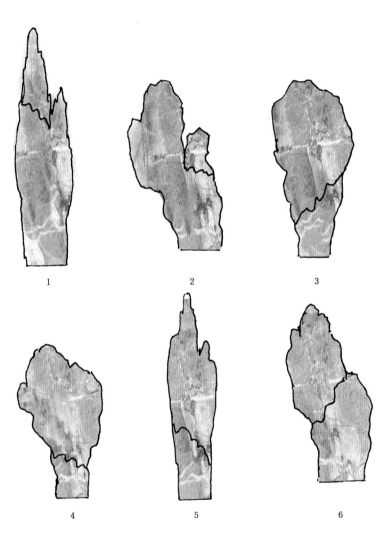

1～2部分断裂黏结　3～6主体断裂黏结

断裂黏结

黏结胶水一般是选用 502 瞬间黏合剂或高强度双管胶黏剂（即 AB 胶），在各地化工商店均可买到。瞬间黏合剂即粘即牢，双管胶黏剂使用后要经 5~12 分钟才能凝结牢固。不论采用哪一种黏结方法，都要注意黏合面的吻合，胶水要涂得均匀、充分，黏结后要用手夹住石体，待胶黏剂完全凝固后才能松手，否则会影响黏结的强度。

松质石的造型黏结要采用纵向拼接，两块相接的石体都要延伸到底部，以利于水分向整块石体渗透。松质石如发生横向断裂，不宜采用黏结修补，因接缝胶黏剂会隔断水分的渗透，使石体形成干湿两种颜色，影响观赏效果。

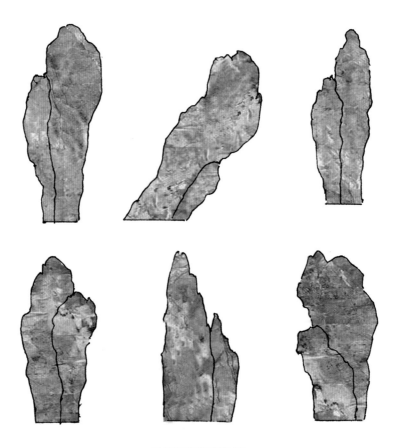

松质石的造型黏结

（6）消痕　石材经雕凿加工后，或多或少都会留下人工痕迹，要采取适当的处理措施尽量淡化或消除这些痕迹。松质石的消痕可用钢丝刷擦刷石表，磨去锋利的棱角；硬质石的消痕可用电动切割机装上钢丝轮，打磨石体上有人工痕迹的部位，但要注意不能把石体表面打磨得太光滑，以免失去自然特征。

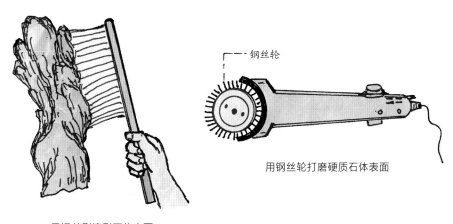

钢丝轮

用钢丝轮打磨硬质石体表面

用钢丝刷擦刷石体表面

消痕

（7）基座加工　不论是自然成形或雕凿造型的石体都难以平稳地竖立在盆中，必须用水泥把基部凝结成基座。方法是先确定好石体的站立姿势，然后选择一个能固定石体的墙脚，在地面铺上一张废报纸，把已搅拌好的水泥浆取2/3倒于报纸上，再把石体立于水泥浆中，背靠墙脚，两侧用支撑物加固，以防石体摇动，而后用竹片把水泥浆涂抹黏着于石体底部，再将1/3的水泥浆用作修补，把基座涂抹成梯形基座，待两天水泥凝固后，即可将石材移开待用。

基座加工时，要注意石体姿态的固定，水泥浆不宜太稠或太稀，否则无法黏着石体底部。在基座加工前，石体不能吸水过多，否则当石体竖立起来后，水分向下回落，会使水泥浆无法黏着石体底部；下部窄小、上部宽大的石体，应在基部加缠铁线后再涂抹水泥，以

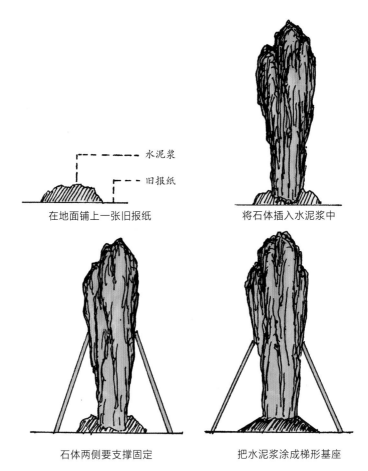

水泥浆
旧报纸

在地面铺上一张旧报纸　　　　将石体插入水泥浆中

石体两侧要支撑固定　　　　把水泥浆涂成梯形基座

基座加工操作程序

提高基座的受力强度；倾斜形或悬崖形的石体要在倾斜或突出的一侧适当加宽基座。水泥基座不宜太高或太宽，高度以盆土能盖过基座为准。如果因固定需要，必须超过这一高度时，应在基座表面水泥未干前，撒下与石体同一颜色的石粉以增强基座的隐蔽性。基座的宽度以略小于定植的盆底宽度为

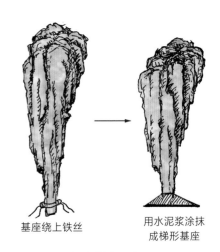

基座绕上铁丝　　　用水泥浆涂抹成梯形基座

提高基座强度

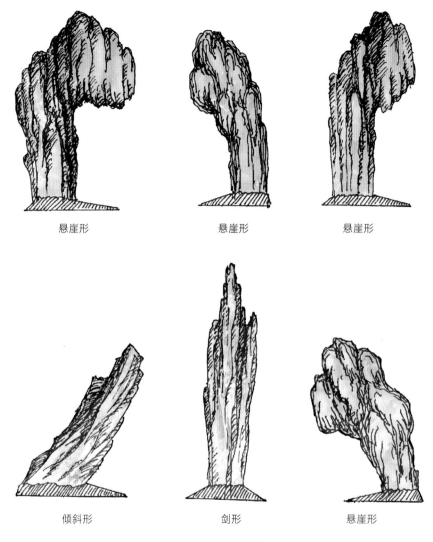

悬崖形　悬崖形　悬崖形

倾斜形　剑形　悬崖形

不同石形的基座形态

宜。小型附石盆景的石体除个别基部窄小必须做基座加工外，一般不制作水泥基座。

　　石形上大下小、高而险峻的石体，如需牢固站立在盆中，使其不易倾倒，可在石体水泥底座加工完成后，将花盆底部站立石体的位置，用切割机切割成"十"字形缝隙（也可以切割成"二"字形平行的两条缝隙），缝隙宽 0.5~1 厘米，长度不超过石体底座宽度。然后把盆放于平坦地板上，盆底缝隙下面垫一张纸，以防水泥黏

第一章　附石盆景制作准备

23

榆树＋英德石
作者：郑振竹

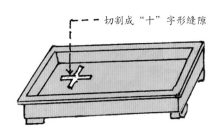
切割成"十"字形缝隙

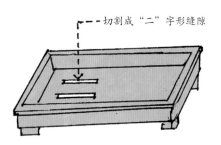
切割成"二"字形缝隙

盆底切割

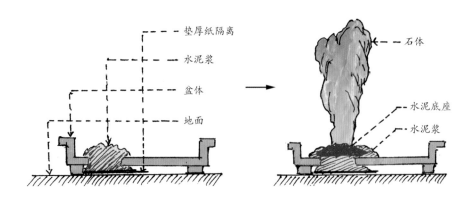

垫厚纸隔离
水泥浆
盆体
地面

石体
水泥底座
水泥浆

用水泥浆联结石体与盆底纵切面

24

着地面，接着把水泥浆倒入盆内缝隙中，摊开压实，使水泥浆透过缝隙渗入盆底，在盆底下面形成一板块，然后把石体基部水泥座立于缝隙口水泥浆上，压实站稳，使基座与水泥黏着均匀，表面再用些水泥涂抹加固，这样使上下两个板块联结在一起，等待5~7天水泥浆凝固后，石体底座与盆底紧密黏结，搬动盆景时石体就不易倾倒了。

石体较高的附石盆景，定植在盆中要用水泥粘结固定，换盆比较困难，现在多数采用铝线固定法。即把铝线穿过盆底小孔（市面上卖的质量和形状较好的盆景种植盆，盆底一般都有用于加固的4个小孔），移入附石盆景后，把铝线绕扎在石体水泥基座上，用力拧紧，使石体站牢不会摇动即可。但要注意在石体移入盆中之前，要先在盆底排水孔周围摆放3~4块厚约5毫米的瓦片。石体移入后，基座压在瓦片上，下面留有空隙，以防排水孔被堵塞。

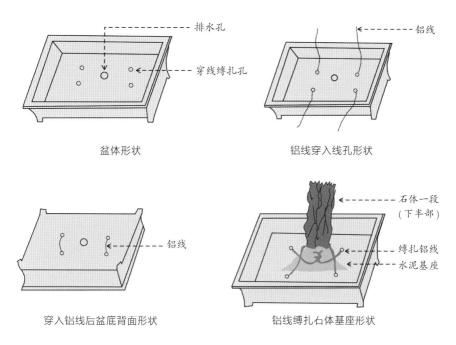

用铝线固定石体示意图

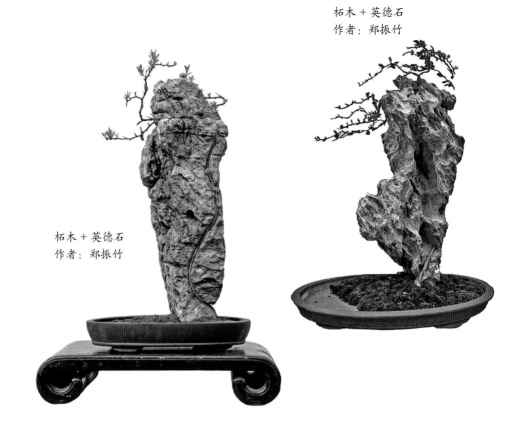

柘木＋英德石
作者：郑振竹

柘木＋英德石
作者：郑振竹

4. 常用石形的雕凿加工

附石盆景所用的石形，按石材质地、石材形状及造型表现内容的不同而异，形式千变万化，各具特色，但较常用的石形有剑形、柱形、三角形、倾斜形、悬崖形、弯曲形、倒立形、多孔形等 8 种。

（1）剑形　石体挺拔耸立，陡峭瘦长，顶部较尖，宛如一把刺向长空的宝剑。为了便于树木的嵌植，在主峰略低处有一坑凹，作为树木的定植点（见下图中箭号）；沟槽从定植点向下延伸。此类石形因石体瘦长，用松质石雕凿造型容易造成断裂，因此，多数从硬质石中选取自然成型的石材，或用硬质石拼接造型，在石体对接的上方留出一坑凹作为定植点，而且接痕可用树根嵌植延伸加以遮盖。

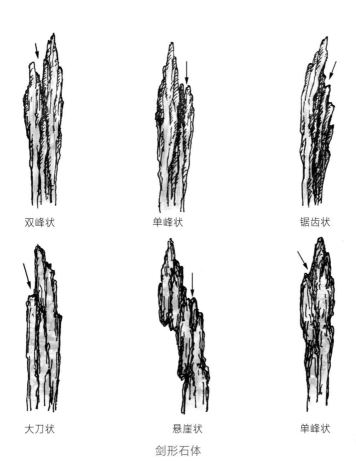

双峰状　　　　　单峰状　　　　　锯齿状

大刀状　　　　　悬崖状　　　　　单峰状

剑形石体

（2）柱形　石体挺拔，顶部圆钝，犹如一根拔地而起的石柱屹立于旷野。沟槽从石顶蜿蜒而下。这种石形多数从硬质石中选取自然成型的石材，或用圆筒形松质石料雕凿而成。

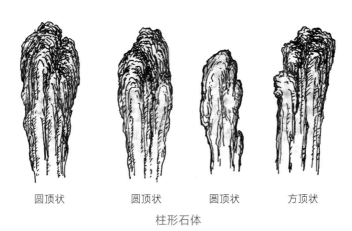

圆顶状　　　圆顶状　　　圆顶状　　　方顶状

柱形石体

（3）三角形　石体基部较宽，中上部逐渐收缩，形似一座雄壮的大山，其中又分两种形态，一是石体较高、石势陡峭的三角形石体；二是石体矮壮、坡度不大的矮三角形石体。前者多用松质石雕凿而成，后者可从硬质石材中选取自然成型的石体。沟槽顺石势分布，自然流畅。

高三角形

矮三角形

三角形石体

（4）倾斜形　石体向一侧倾斜，似倒非倒，给人以奇险的感觉，倾斜度以与盆面形成45°角为宜。倾斜度过小，缺乏动感；过大则险而不稳。沟槽走向与倾斜方向要一致，多数可从硬质石中选取，少数用松质石雕凿造型。

（5）悬崖形　石体上部向一侧突出，形似悬崖绝壁，动感较强。悬出的部分体现了山体的险奇特征，必须与中下部相互协调，保持重心的稳定。中下部为直立形的，悬出部分要短些；中部向悬出方向弯曲的，悬出部分可以适当延长些，但也不宜过长，否则不但有

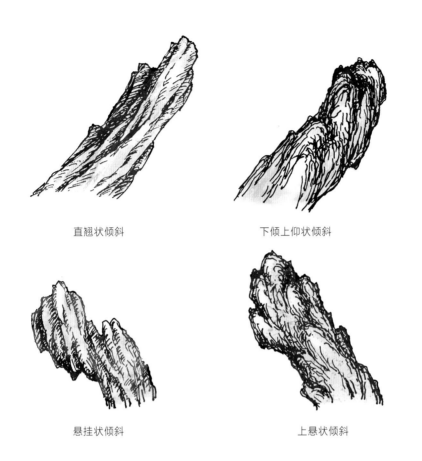

直翘状倾斜 　　　　　　　　　下倾上仰状倾斜

悬挂状倾斜 　　　　　　　　　上悬状倾斜

倾斜形石体

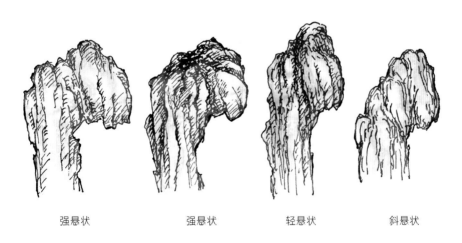

强悬状 　　　　强悬状 　　　　轻悬状 　　　　斜悬状

悬崖形石体

失自然，而且因重心偏离过大，使石体难于竖立在盆中。沟槽顺石势蜿蜒而下，分布自然，可用松质石雕凿造型，或从硬质石中选取自然成型的石材。如果悬出部分的宽度或长度不够，也可用硬质石拼接而成。

（6）弯曲形　整体轮廓似"S"形，孔洞较多，形态富于变化，更显得奇特险峻。沟槽顺石势弯曲盘陀而下，可用松质石雕凿造型，或从硬质石中选取自然成型的石材。

腾龙状弯曲　　　　　　　　双悬状弯曲

弯曲形石体

（7）倒立形　石体上部较大，下部狭小，犹如山体倒置，形态十分险峻。定植点依树形搭配的需要，有的选择在石体顶端，有的选择在石体基部。沟槽自上而下分布，多数从硬质石中选取自然成型的石体。

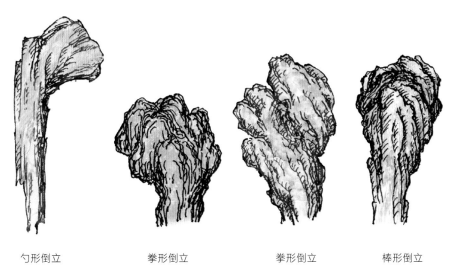

勺形倒立　　　　拳形倒立　　　　拳形倒立　　　　棒形倒立

倒立形石体

（8）多孔形　整个石体被孔洞环绕穿透，均为自然形成，多从芦管石、太湖石、灵璧石中选取，定植点多选择在石体顶部。

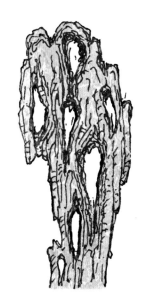

松质石多孔形　　　　　　　　硬质石多孔形

多孔形石体

三、 树种的选择、培育与造型

附石盆景所用的树种繁殖容易、分布广泛，且因所用的树型较小，造型也较为容易，培育成型的时间也较短，所以要得到一株附石树苗并不困难。

1. 树种的选择

附石盆景所用的树种，其根、茎、叶要具备如下形态与特性：根的生长力要强，根群发达、粗壮，有韧性，可弯曲，不易断裂；茎的萌发力要强，节间短，分枝紧凑，耐修剪，易整形；叶型要小，叶片分布要紧密。

凡是具有上述特性的树木，均可作为附石树种。

（1）榕树　桑科，榕属。常绿乔木，主产于我国华南、西南地区，品种较多，有大叶、中叶、小叶、花叶、柳叶、黄叶等品系，除大叶和柳叶种外，其余均可用作附石盆景。福建福州地区有一种叶片小如瓜子的细叶榕，叶型特小，且分布紧凑，用作附石树种，十分美观。20世纪90年代，我国从东南亚国家引进了叶型中等、叶片分

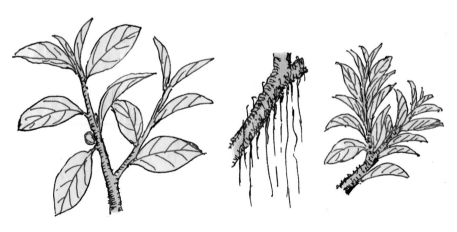

榕树　　　　　枝条上的须状气根　　　　细叶榕

榕树

布紧密的泰国榕、印度榕、花叶榕等新品种，已广泛应用于制作榕树盆景，其茎叶姿形也优于本地品种。榕树根群发达，茎部能生须状气根，根的附着力和穿透力很强，有韧性，人工弯曲不易断裂，而且能互相连接，形成板根，用种子育苗的能形成块根；茎部耐修剪，萌发力强，易缚扎造型；叶型可通过人工修剪和水肥控制，使其形成小叶。榕树可用种子播种或枝条扦插繁殖，目前大多数用种子播种育苗。榕树是制作附石盆景最理想的树种。

（2）榔榆　榆科，榆属。同属的有榆、刺榆等品种，但不适宜制作附石盆景。榔榆为落叶或半落叶乔木，主产于华南、华东和华中地区，较耐寒、耐旱，适应性广，对土壤要求不严，根群发达，枝叶萌发力强，耐修剪，易缚扎整形，叶型小，树皮呈鳞片状剥落，茎枝经人工缚扎容易形成古朴苍劲的形态，根部生长受到石块挤压时，能形成紧抱石块、形状奇特的根块，是制作附石盆景的较好树种。榔榆可用枝条和根扦插繁殖。

榕树＋英德石
作者：郑振竹

【险处同生】

榆树＋英德石
作者：王琼培

榔榆

33

（3）福建茶　紫草科，基及树属。常绿乔木，主产于华南地区，在温暖湿润的环境和肥水充足的土壤条件下生长旺盛，根群发达，叶色浓绿，茎枝萌发力强，耐修剪，易缚扎造型，从春季到秋季枝头不断开放小白花且结出红色小果。品种有大叶、中叶、小叶 3 种，近年发现一变异

花叶福建茶＋芦管石
作者：王琼培

中叶福建茶

花

果

小叶福建茶

福建茶

【峭壁层云】

福建茶＋砂片石
作者：王琼培

福建茶＋英德石
作者：王琼培

种——花叶福建茶，叶色黄绿相间，艳丽夺目。附石盆景宜选用中、小叶品种，尤其是小叶种，生长缓慢，株型古朴，又长期开花挂果，是制作附石盆景的理想树种。福建茶可用枝条和根作插条繁殖，成活率较高。中叶福建茶结果很少，小叶福建茶从夏季到秋季结果不断，也可采收种子进行繁殖。

（4）异叶南洋杉　南洋杉科，南洋杉属。常绿乔木，俗称美丽南洋杉、澳洲杉，主产于福建、广东、广西等地。异叶南洋杉根部发达，属肉质根，大条根不易弯曲，弯度过大时易断裂；叶片排列紧密，略下垂；茎枝萌发力强，耐修剪；茎和根的表皮自然脱落，色泽美观，尤其

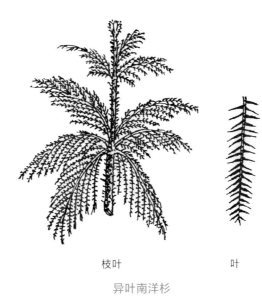

枝叶　　　　　叶

异叶南洋杉

【峭壁风光】

异叶南洋杉＋砂积石
作者：王琼培

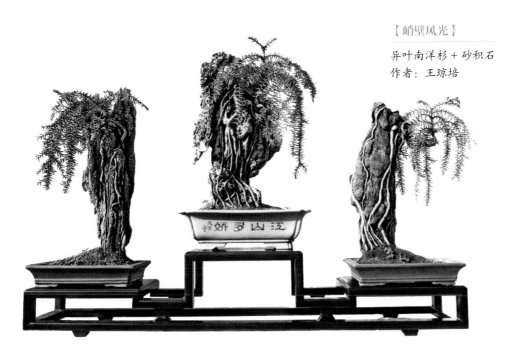

六月雪＋砂积石
作者：王琼培

是根部形态清秀优雅。异叶南洋杉是近年来新开发的附石盆景新树种，株型美观，根部形态婀娜多姿，引人注目。该树种主要是用枝条及根进行扦插繁殖，能采收到种子的地区也可用种子繁殖。异叶南洋杉具有耐阴、耐旱的特性，适宜于室内摆放。

（5）六月雪　茜草科，六月雪属。常绿灌木，主产于长江以南地区，根群发达，但根部纤细，数量较多；茎枝萌发力强，耐修剪，质地较脆；叶形小，叶片边缘和主脉呈白色；每年 6~9 月盛开白色小花，翠绿丛中镶嵌着朵朵白花，宛如天降白雪，故称"六月雪"。六月雪可用枝条或根扦插繁殖，易生根成活，该树种喜阳光，也较耐阴，但不耐寒。

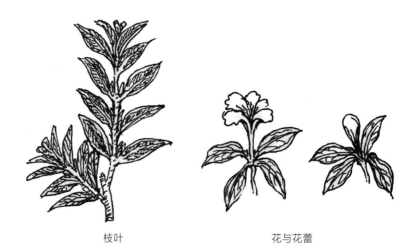

枝叶　　　　　　　　　花与花蕾

六月雪

除上述常用树种外，还有朴树、罗汉松、五针松、油杉、黑松等树种，各地均可就地取材，因地制宜，开发利用适宜当地自然生长条件的树种。

在选择树种时，要根据所用石材质地的不同，选择与之相适应的树种，做到"因石选树"。硬质石应选用根部生长力强、根群发达的榕树、榆树等树种，松质石应选择根部穿透力较弱的异叶南洋杉、六月雪等树种。如果把根群发达、根部附着力和穿透力较强的树种附植于松质石上，两三年后，石体很可能被根部撑裂，使整个石型遭到损坏。

2. 苗木的繁育

附石盆景所用的苗木，因树型小，来源较为容易，可以到花木市场或育苗场察看，如有现成的苗木，可将其购回，再经一段时间培育造型后，即可作为附石树木；也可在早春树木即将萌发时，携带挖掘工具，上山采挖所需的苗木，挖回后经人工培育成型，供作附石用苗。但附石盆景制作者最常用的办法是自行繁育苗木，这样可以从树木的小苗阶段就着手进行株型的缚扎和根的培育，人工繁育出来的苗木，比较符合造型的要求。

（1）播种 福建茶、榕树、异叶南洋杉等能开花结果的树种，均可用种子进行播种育苗，尤其是福建茶，用种了繁殖小苗作附石盆景较为适宜。因为福建茶实生苗生长快，成型时间短。

异叶南洋杉＋英德石
作者：王琼培

37

种子的采收: 种子采收方法依树种不同而异。福建茶(中、小叶种)在华南和华东部分地区均可采收到种子，每年夏季至秋季，从结果的植株(小叶福建茶结果较多)上采摘已成熟的果实(呈紫红色)，将其果皮挤破，用清水洗去果肉，把果核晒干，贮藏于塑料袋或玻璃瓶中保存，至第二年春季播种。榕树种子宜于8~11月份采收，可以从榕树下扫集已经成熟的落地果实，集中起来后用纱布包裹，置水中搓揉漂洗，洗去果肉，再将种子晾干后贮藏待用。异叶南洋杉种子于8~9月份采收，随即进行播种。

播种育苗: 播种育苗时间因树种的不同也有所区别。福建茶、榕树一般在4~5月份播种；异叶南洋杉在8~9月份播种为宜。播种前，先将种子放入45℃左右的温水中浸泡12小时，使其充分吸收水分后才可播种。异叶南洋杉的种子播种前应先进行催芽处理，把经过浸泡的种子装入薄膜袋中，封住袋口，7~8天后种子陆续萌动，即将已萌动的种子拣出，播种于苗床中。未萌动的种子应继续在薄膜袋中催芽，数天后再把已萌动的种子拣出播种。

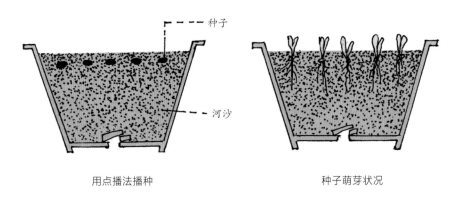

用点播法播种　　　　　　　　　种子萌芽状况

播种育苗

苗床宜采用沙床，家庭内少量育苗的，可采用口径20厘米、高20厘米的花盆，在盆内填入干净的河沙，稍加压实或喷水，让其沉实，再将沙面拉平，然后播下种子。福建茶、小叶冬青、异叶南洋杉等种子可采用点播法播种，即用手将种子一粒一粒排列于沙床上；

榕树的种子较小，可采用撒播法播种，将种子均匀地撒于沙床上。然后覆盖细沙，盖沙的厚度一般为种子直径的1~2倍，为0.3~0.5厘米。播种后适当喷水，并将苗床移至无北风吹袭、有阳光照射、淋不到雨的地方。管理过程中要注意保持苗床湿度，沙床见干即要及

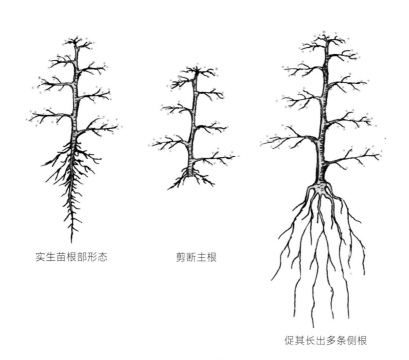

实生苗根部形态　　　　剪断主根

促其长出多条侧根

幼苗断根促长

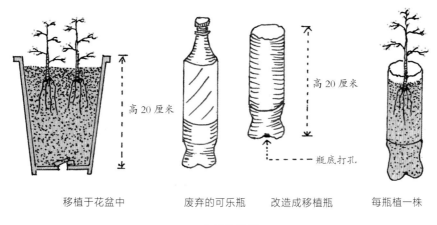

移植于花盆中　　　废弃的可乐瓶　　改造成移植瓶　　每瓶植一株

幼苗的移植

第一种朝向的插条

第二种朝向的插条

插条的剪取

时喷水。幼苗出土后长出一片真叶时，开始追施稀薄饼肥（1份饼肥掺水4~5份），此后，每15~20天追肥1次。等幼苗长至4~6厘米高时，要进行移植。起苗后，先将幼苗主根剪断，以促进其长出多条侧根，然后移植于高度为20厘米的花盆，每盆可定植2~3株幼苗，也可利用饮料瓶、矿泉水瓶，将瓶的上部切去，底部打一小孔，作为育苗瓶，每瓶定植1株幼苗。培养基质以用河沙拌腐殖土为宜。移植后要及时浇水追肥。

（2）枝插 枝插就是利用树木的枝条扦插繁殖。采用这种繁殖方法，成型的时间短而且简便易行，适用于各种树木的繁殖，能在短期内育成大量附石苗木。

插条的采集：插条的选择是否适当，对其生根成活和成型影响甚大。为了提高插条的成活率，应选择前一年生的节间短、芽眼密、营

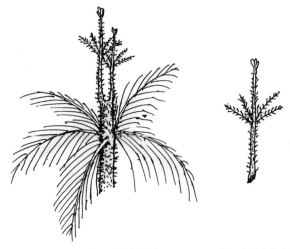

主干截顶后长出分枝　　　剪下分枝作为插条

异叶南洋杉插条的剪取

养积累丰富、无损伤、无病虫害、分布在植株上部的直径 0.2~0.5 厘米、长度 7~10 厘米、具有两个交叉和两种朝向的插条，插条基部要用利刀削成斜切口，每一插条顶端留 1~2 个叶片。这两种形状插条的特点是基部弯曲、粗壮，给今后快速成型打下了基础。第一种朝向的插条可培育成曲立式树型；第二种朝向的插条可培育成悬崖式、横卧式或倾斜式树型。

剪取根部小苗
枝作为插条

根部不定芽萌发小苗

异叶南洋杉根部苗的剪取

异叶南洋杉规模化根插育苗现场

剪取当年生的嫩枝作为插条

异叶南洋杉难以采集到分叉状枝条，可以从经多年栽培、主茎较高的植株截顶后生长出较小的前一年生的木质化或半木质化的分枝顶端截取长度6~10厘米的枝作为插条，或者截取从老树露出土面的根部所萌发的不定芽生长成的小苗，剪取高度6~10厘米的小苗作为插条，成活率高。但目前异叶南洋杉的繁殖多数采用根部扦插。

六月雪还可以剪取当年生的嫩枝作插条繁殖，成活率也很高。

插条的促根处理：为了促进插条快速生根，榕树和榔榆等树种可在剪取插条前1~2个月，在树枝的预测剪断处，用小刀进行环剥，宽度为1厘米，深度剥至形成层，并把部分形成层剥去。经过一个多月时间后伤口愈合，形成愈伤组织，此时剪下插条扦插能较快生根。榕树在环剥后，伤口处容易产生

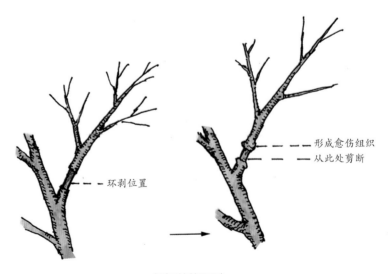

扦插前的环剥

不定根，扦插后可以加快插条的成活与生长。

　　促进插条生根的另一种办法是用生根剂处理，插条在扦插前，可分别选用 ABT 生根剂以及吲哚乙酸、吲哚丁酸、萘乙酸等植物激素溶液，浸渍插条基部。但不同的树种应采用不同的浸渍浓度和不同的浸渍时间，必须严格按照使用说明，准确调配溶液的浓度，掌握好浸渍的时间，否则会产生相反的结果。附石盆景常用的树种都比较容易生根，一般可以不用生根剂处理。

　　扦插适期：每年的 4~5 月，树木枝干上的芽苞开始萌动，此时是剪取插条和进行扦插的最佳时机。这一时期的植株养分积累较多，树液开始流动，而且气候转暖，雨水较多，湿度较大，插条生根快，成活率高。夏季和秋季也可以扦插，但成活率较低。

　　扦插基质和苗床：扦插基质可用河沙、泥炭土、砻糠灰、蛭石、珍珠岩等，但以粗河沙较好，因河沙疏松，有良好的透气性，插条发根快，成活率高，而且河沙清洁，来源也容易。但海沙和已被污染的河沙不能用。

　　家庭中少量育苗时，可选用高 15 厘米、口径较宽的花盆，盛沙作为苗床，盆底排水孔用瓦片盖住，盆内装满河沙后用手压实、拉平，沙层厚度在 14 厘米左右。

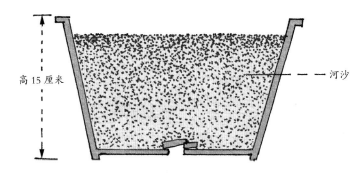

高 15 厘米　　　　　　　　　　　　　　　河沙

花盆苗床的准备

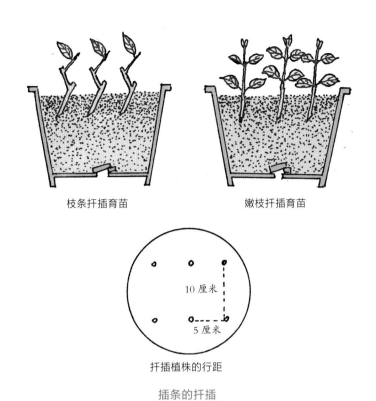

枝条扦插育苗　　　　　　　嫩枝扦插育苗

10厘米

5厘米

扦插植株的行距

插条的扦插

扦插和管理：扦插前，先用直径约 0.5 厘米的树枝在沙层表面打孔，孔深 4~5 厘米，再把插条的 1/3~1/2 长度顺孔插入沙中，用拇指和食指把插条周围的细沙压实；用嫩枝扦插繁殖时，嫩枝要露出沙面 1~1.5 厘米，其他部分埋入沙中；插条的株行距为 5 厘米 × 10 厘米。扦插完毕后，用喷壶浇水，使河沙沉实，如发现插条倒伏，要给予扶正、压实，然后将苗床移至无阳光直射、比较潮湿的地方进行养护管理。

扦插后的管理首先要调控好基质的湿度和周围环境的空气湿度。保持适宜的湿度是插条成活的关键，否则因湿度小，插条的蒸发量大于吸水量，就会造成插条枯萎、掉叶、不能生根。如果基质的湿度过大，降低了基质的透气性，也会引起插条基部腐烂。在扦插后的 7~8 天内，每天中午和傍晚要用手提喷雾器朝插条喷雾 1 次，以保持插条叶片的湿润，空气湿度要控制在90%以上,同时也要保持基质(即河沙）处于湿润状态，含水量控制在 40%~50%。若在城市公寓式套房中通风干燥的阳台上扦插育苗，要用薄膜罩盖盆面，以保持湿度，防止插条水分蒸发，但在晴天的早、晚或阴天，应把薄膜揭开，以便通风透气。扦插 10 余天后，插条基部已产生愈合组织，开始生根，此后，湿度可以略低一些，空气湿度可以控制在 80%~90%，基质含水量可控制在 20%~30%。

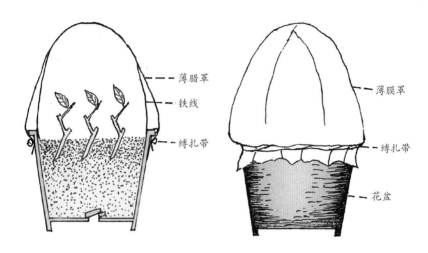

苗床加盖薄膜罩

温度也是插条生根的重要因素，在 4~5 月份的扦插期间，气温已经逐渐回升，日平均气温为 20℃左右，基本适宜于插条生根；但如果遇到寒流袭击，应将苗床移至室内，或用薄膜罩盖盆保温。平常苗床的放置地点应选择在坐北朝南的地方，气温才较为稳定。

光照对插条的成活也有较大的影响，插条顶端保留 1~2 片叶片就是用于进行光合作用，给插条提供必需的养分。当插条基部产生愈合组织，开始生根后，宜将苗床从无阳光直射处移至早晨能接收到阳光的地方，待到插条长出 2~3 片新叶后，即可移至全日照的环境下培育管理，有盖薄膜的苗床，应将薄膜罩揭去。

适时进行根外追肥，可以给插条的发根补充营养，以促进插条发根旺盛。扦插后 15~20 天内，每 5~7 天喷 1 次 0.1% 尿素溶液（用

0.5 克尿素溶解于 500 克的清水中），于傍晚喷于插条叶片的正反两面上，不宜施入土中。待插条抽出 2~3 片新叶后，再用 0.1% 的尿素溶液浇喷，作为第二次根外追肥。此后，每隔 15~20 天追施 1 次稀薄饼肥水（用花生饼或豆饼、豆渣浸水，充分腐熟后掺水 5~10 倍施用）。

移植：用浅盆密植扦插育苗的，扦插后约 2 个月时间（根插的要迟一些），新梢一般可长至 4~5 厘米，根也已长到一定的长度，此时应进行移植（生长慢的要到第二年春季移植）。移植时，把整盆河沙连同苗木一起倒出，然后轻轻扒开河沙，拣出苗木。切忌用手将苗木从沙层中拔出，造成新根损伤或断离。起苗后，移植于高盆（高度 20~30 厘米）培育。家庭少量育苗时，可用可乐瓶或矿泉水瓶作为育苗瓶，每瓶植苗 1 株，培养基质仍然以河沙为宜。移植时，一手提着苗木，让根部垂直于盆中，一手填沙，填完沙后，浇透水，

0.1% 尿素溶液

根外追肥

使河沙沉实。移植后的 7~10 天，应置于无阳光直射的地方，每天下午朝叶片喷水 1 次，成活后，移至全日照的地方培育，并注意适时浇水施肥。

如果少量扦插繁殖，一盆只插 1~2 株，并用高盆扦插的，可以不搞移植，一直培育到成型用于附石为止。

（3）高压　对一些用扦插不易生根的树木可采用高压繁育苗木。选定植株上部比较健壮、适宜作附石盆景的枝条，用小刀在其基部进行环剥，宽度约 1 厘米，将表皮和部分形成层剥去，随后用水苔或腐殖土包裹环剥部位，外面再用塑料薄膜包扎，以防雨水冲刷。2~3 个月后，环剥部位即可生根，透过薄膜可以看到有较多的根时，就可将枝条带团剪下，去掉包扎物，种植到高盆中培育。为了保证成活，应剪除大部分枝条上的叶片，以减少水分蒸发，并置于荫蔽的环境中，十余天后，再移至阳光下培育，并注意适时浇水、追肥。

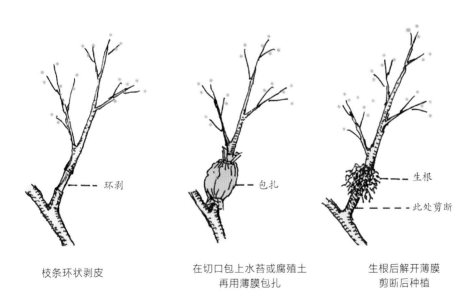

枝条环状剥皮

在切口包上水苔或腐殖土
再用薄膜包扎

生根后解开薄膜
剪断后种植

高压育苗

（4）根插 异叶南洋杉、福建茶、榔榆、六月雪等树种的根部能萌发不定芽，形成新的植株，因此，可在这些树木盆景换盆或地栽苗起苗时剪取直径 0.3~0.5 厘米、长 10~15 厘米、具有分叉的根，作为插条繁殖。在 20 厘米深的花盆内盛入河沙，将根埋入沙中，然后浇水让沙沉实，根头露出沙面 1~2 厘米。扦插后移至无阳光直射的地方养护管理，待根头长出新芽后，及时追肥。如果每盆只插 2~3 条根，新梢长出后就不至于互相拥挤，也就不必进行移植了。

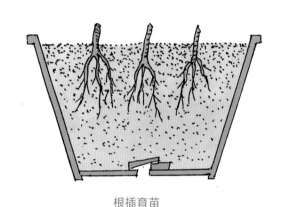

根插育苗

剪取根插条

3. | 根的培育和茎的造型

　　培育附石盆景所用的苗木首先要注重根部的培育，因为根是体现附石盆景形态美的重要特征之一。在培育措施上，一是要保证主侧根的数量最少要达3条以上，但也不是越多越好。如果根的数量太少，植在石体上，会显得单调无力，不能充分体现树石相依的独特形态与风韵；如果根的数量太多，整块石体被根群包住，掩盖了石体的形态，也未必能达到应有的观赏效果。二是要使根部的长度超过石体高度的7~10厘米，使其有足够长度的根在紧贴石体沟槽后延伸至石体底部，超出基座，进入盆内土壤，吸收水分和养分。对茎部的缚扎造型要从小苗开始，才更容易弯曲成型。为了使树形与石形相匹配、相融洽，树木的茎粗应控制在0.5~1.5厘米以内，茎的形态要古朴苍劲，株型要紧凑，枝叶不宜过分繁茂。

　　（1）根的培育　附石盆景所用的树木，对根部要求比较严格。为了使根部在数量和长度上达到应有的要求，必须采取如下培育措施。

　　高盆培育：附石盆景用苗要选用高度25~30厘米桶盆作为育苗盆；微型附石盆景用苗，宜选用高10厘米以上的花盆或可乐瓶作为育苗盆。

　　用高盆培育的目的是为了给树木根部的生长提供充分的空间，避免因用浅盆培育而出现的根部弯曲、缠绕成团和长度不够等缺陷。

　　培养基质：河沙具有疏松、透气性良好的特点，树木根部在沙中伸长，没有阻力，

用高盆培育的根

用浅盆培育的根

高盆与浅盆育根效果的比较

能较快达到所需要的长度。但河沙缺少养分，用于培植树苗，必须及时追肥，补充营养。

剪断主根：对只有一条主根的苗木（多数是实生苗），要采取剪断主根的办法，促进根部生出多条侧根来。

合理施肥：合理施肥对促进根部的生长十分重要。地下的根和地上的茎叶具有相互促进、相互平衡的作用。有强壮的根才有旺盛的枝和叶；有旺盛的枝和叶才能有既长又壮的根。因而，施肥应掌握以氮肥为主，配合磷钾肥的原则。氮肥的功能是促进枝叶生长，枝叶生长旺盛首先就保证了苗木有较大的树冠，以促进根部的生长。但是，如果只施氮肥，也会造成树木徒长、节间拉长，不利于造型。钾肥的功能是使树木茎干粗壮，节间缩短，增强抗寒、抗旱、抗病虫害的能力，同样能促进根部的生长。磷肥的功能是促进树木开花结果，树木在幼苗期需磷量较少。根据上述原理，在树木的育苗促根阶段，应选用含氮肥为主的肥料，如饼肥就是一种比较理想的肥

榕树＋石笋石
作者：余乃源

料。饼肥包括花生饼、大豆饼、棉籽饼等，系有机肥料，除含氮为主外，还有一定数量的钾和磷。在施用前，要先将饼肥捣碎，浸泡于清水中，待其充分发酵、腐熟后，再掺水 4~5 倍施用。除施用饼肥外，还可适当间隔施用 1% 的氮磷钾复合肥（无机肥）溶液（50克复合肥溶解于 5 千克的清水中）。

施肥时，要因树、因苗的不同进行科学地施用。一般情况下，应每隔 15~20 天追肥 1 次。如果树木生长旺盛，追肥时间可以适当拉长，树木枝叶不够茂盛、叶色淡绿的，应适时追肥，促进其生长。如果是因根部腐烂等因素引起地上部分生长不良的，应当停止追肥，待根部恢复生机后才可适当追肥。施肥切忌过浓、过量，以免伤害根部，影响树木的生长。

（2）茎的缚扎造型　附石树木茎部的造型要与石型相协调、相融洽，要根据创作主题对树形做出要求，确定缚扎造型的形式。对需要弯曲造型的枝干，要依其直径大小，选用粗细不同的铝线缚扎茎部。缚扎时，先把铝线一头固定在被缚扎的枝干基部，而后向上端逐渐缠绕，缠绕方向要与枝条的弯曲方向一致，即枝条向右弯，铝线要向顺时针方向缠绕；枝条向左弯，铝线要向逆时针方向缠绕，接着进行枝干弯曲造型。弯曲用力要均匀，要逐渐弯曲到位，以免造成枝条断裂。

枝条向右弯　　　　　　　　　　枝条向左弯

茎部缚扎弯曲造型

缚扎造型应选择在春季进行。春天树木新芽即将萌动时，缚扎引起的损伤容易愈合。同时，应选择在晴天盆土较干燥时进行缚扎。因为，此时树木枝干含水分少，韧性强，缚扎弯曲不易断裂，而且盆土干燥硬结，根部也不易松动。

缚扎后应及时剪短过长的枝条，如有交叉枝、重叠枝、对生枝、徒长枝、轮生枝、平行枝等多余的枝条应予剪除或改造，使株型紧凑，上部和下部侧枝长势平衡，尽快形成所需要的树形。经 6~12 个月的时间，造型基本固定下来后，及时拆除铝线，以免线体扎入皮层，影响枝干的生长。

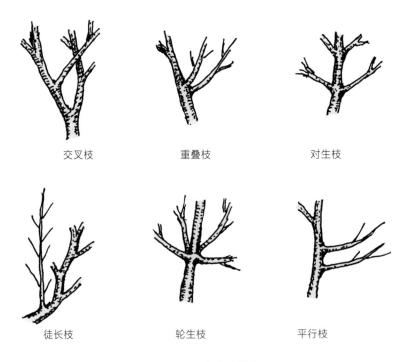

交叉枝　　　　重叠枝　　　　对生枝

徒长枝　　　　轮生枝　　　　平行枝

剪除或改造多余的枝条

4 | **常用树形的缚扎加工**

树木的造型，依苗木本身的不同生长状态和制作者的不同造型构思，可以加工成千姿百态的树形，不可能千篇一律，一成不变，生搬硬套几种统一的模式就可大功告成的。树木造型要根据石形的搭配并且要体现创作主题的需要，灵活运用，才能标新立异。为了帮助初学者掌握附石树木的造型技艺，现就几种常用树形的缚扎加工要点介绍如下。

榕树＋英德石
作者：余乃源

（1）横卧式　主干向一侧下弯横卧，但不下垂，顶部上翘，侧枝分别向上和向左右伸展，第一侧枝逆转弯曲，作为顶托，使枝条分布平衡，空间得到合理利用。

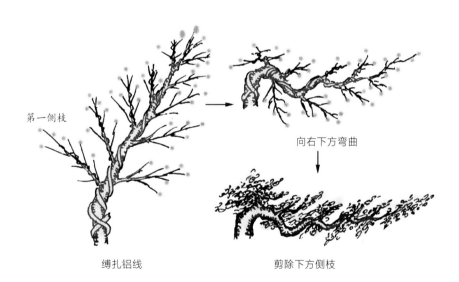

第一侧枝

向右下方弯曲

缚扎铝线　　　　　　　　剪除下方侧枝

横卧式树形的缚扎造型

（2）斜干式　主干向一侧倾斜，与盆面形成20°~30°角，尾端上翘，侧枝成水平状伸展，第一侧枝逆转弯曲，填补另一侧的空虚。

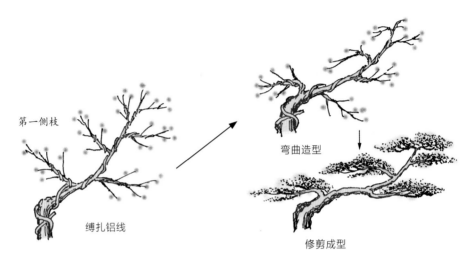

第一侧枝

弯曲造型

缚扎铝线

修剪成型

斜干式树形的缚扎造型

（3）悬崖式　主干向一侧下弯，成悬垂状，下垂角度大的为全悬式，下垂角度小的为半悬式，弯曲下垂的为曲悬式。侧枝左右展开，层次错落有序，空间利用合理，第一侧枝回转成为顶枝，主干末端适度上翘。

【险峰春色】
榆树＋英德石
作者：王琼培

榕树＋砂积石
作者：王琼培

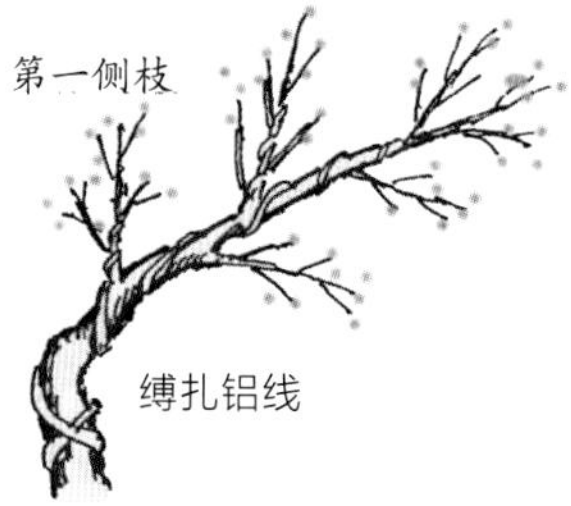

第一侧枝

缚扎铝线

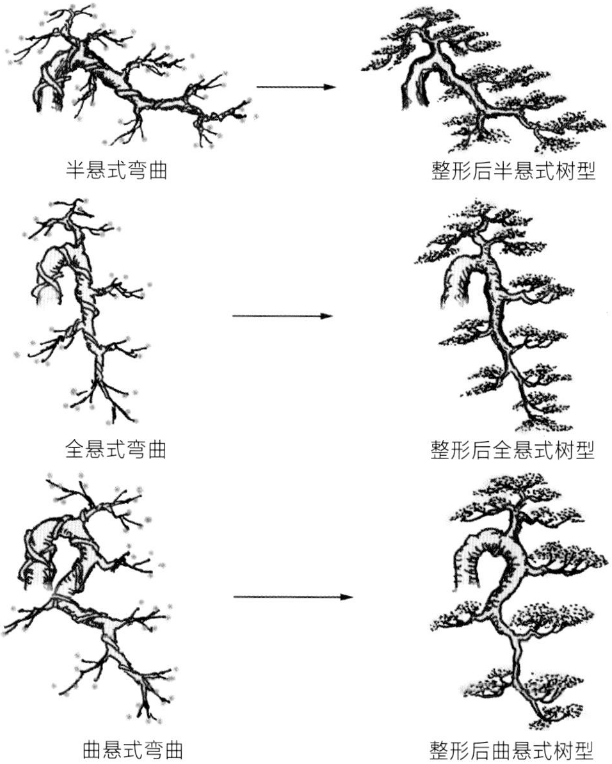

半悬式弯曲

整形后半悬式树型

全悬式弯曲

整形后全悬式树型

曲悬式弯曲

整形后曲悬式树型

悬崖式树形的缚扎造型

（4）曲立式　主干左右弯曲，但仍保持向上的生长态势，树形粗壮、古朴，侧枝层次高低分布有序。

【鹿影】

异叶南洋杉＋砂积石
作者：王琼培

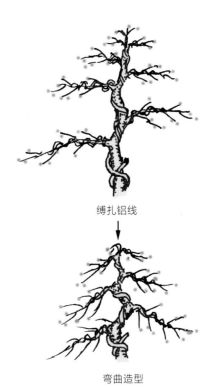

缚扎铝线

↓

弯曲造型

↓

修剪成型

曲立式树形的缚扎造型

福建茶＋海母石
作者：王琼培

第二章

附石盆景制作与成型

一、 制作工序及技艺

完成石材与树木的造型之后，便进入了树石结合成型的制作阶段。树与石的恰当结合，是附石盆景整个制作工作的结晶和成果。因此，树石结合不是简单的凑合或随意的搭配，而是按照整体造型设想，把树与石恰当、自然地结合起来，融为一体，使创作的主题和意境得到充分的体现。

1. │ 试植

树木在正式嵌植前必须进行试植，目的是防止嵌植后出现树石的结合不够协调，此时再反复进行位置或方向上的变换调整，会使树木根部受到严重损伤，影响树木的成活，因此要特别注意防止根部损伤。试植的方法是把已经造型的树木从盆中倒出，抖去泥土，理顺根部，置于石体上，从不同的朝向、不同的嵌植位置进行试植观察，从而确定树石结合的最佳位置和朝向。通过试植，依照树根的走向，对沟槽做进一步的雕凿；对定植点的宽度或深度也要做进一步的雕凿修整；对树形不协调的部位还要进行缚扎或修剪，多余的根和枝条应剪除掉。

树木起苗试植完毕后，在等待嵌植的一段时间内，应将根部埋入湿润的河沙中，以保持根部的湿度，防止根部失水而干枯。

试植过程中要注重处理好石与树体积的恰当比例和石形与树形的相互协调，以及树根的合理布局等问题。根据多年实践的总结，认为石体高度在 30~40 厘米的附石盆景，其树木的主茎粗为 1.5 厘米以内为宜；石体高度在 10 厘米的微型附石盆景，其树木主茎粗为 0.5 厘米以内为宜。经培育定型后，石材与树冠（枝叶）所占的空间比例以 1：0.5 为宜（即石1、树0.5），树冠所占的空间最多不超过 1：1 的比例。

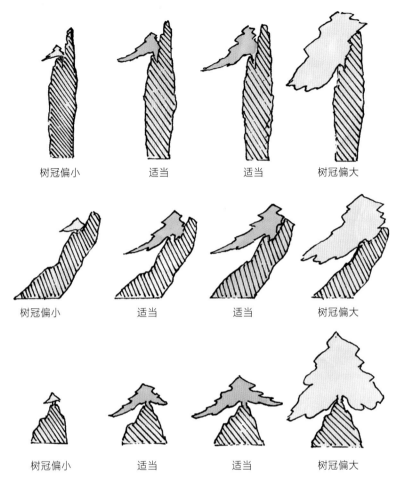

树冠偏小　　　　适当　　　　适当　　　　树冠偏大

树冠偏小　　　　适当　　　　适当　　　　树冠偏大

树冠偏小　　　　适当　　　　适当　　　　树冠偏大

石体与树冠体积的比例

　　石形与树形的搭配，应按创作主题和造型构思进行制作。在一般情况下，石体高而瘦的，应搭配悬崖式、横卧式或曲立式树形；石体矮而宽的，应搭配矮壮曲立式树形，有的还采用嵌干式附植方法，把树干嵌入石体，以达到树形与石形的恰当结合。

　　附石盆景树木的根部是体现形态美的重要因素之一，要使其自然、优美地展现在石体表面，而且与石体紧密结合，在试植过程中就必须确定好它的分布与走向。在数量分布上，应以正面为主，侧面与背面也要有少量分布，这样既可增加背侧面的可观赏性，也使

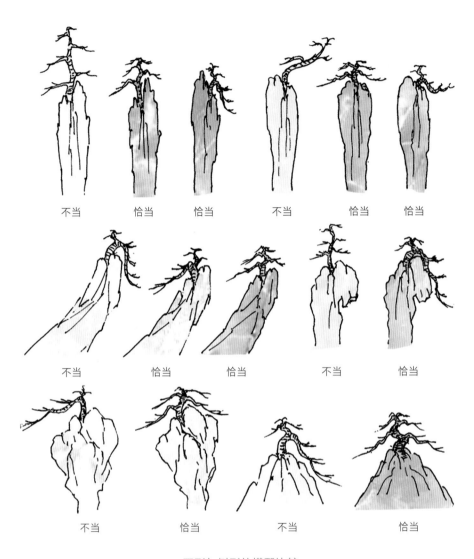

不当　　　恰当　　　恰当　　　　不当　　　恰当　　　恰当

不当　　　恰当　　　恰当　　　　不当　　　恰当

不当　　　恰当　　　　不当　　　　恰当

石形与树形的搭配比较

树木牢固地嵌植于石上；根的走向，都是纵向延伸，不宜横竖交叉，分布紊乱。

2. ｜嵌植

　　试植完成后，应随即进行嵌植。先把石体放入水中充分吸收水分，然后将树木的基部（即树头）首先嵌入石体定植点，调整好树势，使其观赏面与石体观赏面相协调，再将树头缚扎固定，接着把根部逐条嵌入沟槽，大多数根嵌植在石体正面（观赏面），如有可能在石体背面最好也嵌植 1~2 条根，根部细小、数量又多的树木可将数条根拼在一起嵌入沟槽，根部顺沟槽蜿蜒向下延伸，弯曲度要尽量顺其自然，不能拉得太直。根的末端最少要伸出石体基部 2~3 厘米，如果根部长度不足，壅土培育的时间就要拉长，要等到主要几条根深入基部盆土中形成根群，才能拆除包扎。树根在石体上的分布，要做到有藏有露，有的根段可压入较深的石缝中，有的可以露出来。

　　根部嵌入沟槽后，用塑料包装带缠绕缚扎，个别无法扎紧的部位用泥土或泡沫塑料填塞挤压，使根部紧贴沟槽，防止在生长过程中发生松动或移位。塑料包装带缠绕不宜太密，各包装带之间要留有一定距离，让根部有良好的通气环境。

备好的树苗形态

备好的石体形态

树石结合把树苗嵌入石体沟槽，缚扎固定

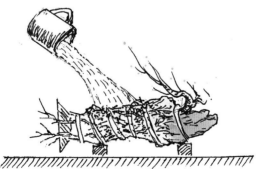

缚扎完成后，向石体浇灌土浆

树木嵌植与缚扎

榆树 + 英德石
作者：郑振竹

根部固定下来后，把石体横卧，用黏土调好的稀泥浆浇于石体上，流入嵌有树根的沟槽中，使树根和填入的细土紧密结合，以利于根部吸收水分，促进成活。

嵌植过程中要特别注意不要损伤根部，弯曲度较大时，用力要轻，尤其是肉质根的树木，如异叶南洋杉、油杉等根部质地较脆，容易断裂，要倍加小心。为了减少根部的损伤，在嵌植前十余天起苗前，盆栽植株应停止浇水和避免雨淋，使盆土干燥，根部水分下降，韧性增强，以减少嵌植时损伤或断裂。地栽的植株也应在起苗前停止施肥灌水，选择晴天、土壤干燥、植株根部含水分低时起苗。

附石盆景除用根部嵌入石体外，还有一种做法是用茎部嵌入石体。选择茎干细长的树苗，将其茎干嵌入石缝中，根部直接埋入盆土，尤需缚扎和壅土培育。这一做法操作简易，成型较快，经多年培育，茎部也能紧贴石体，形成古朴苍劲的形态。

不论采用哪种嵌植方法，嵌植季节都应选择在3~5月份较为适宜，因为此时气温回升，湿度较高，树木越冬后开始萌发新芽，移植容易成活。具体的嵌植时间应看不同地区、不同气候、不同树种越冬后不同萌芽时间而定。以福州地区气候条件为例，榆树在2月底至3

月初开始萌发新芽，榕树在4月中下旬才开始萌发新芽。掌握树木萌芽时间，选择阴天、小雨天或晴天傍晚进行嵌植最为适宜，不要在烈日下进行操作，以防苗木根部被阳光晒伤。

3. | 壅土培育

采用根部嵌植的附石盆景，嵌植包扎后，移入预先选好的浅盆中壅土培育，盆内填入疏松、肥沃度中等的土壤，沿包扎好的树石

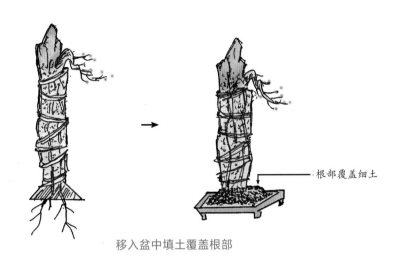

根部覆盖细土

移入盆中填土覆盖根部

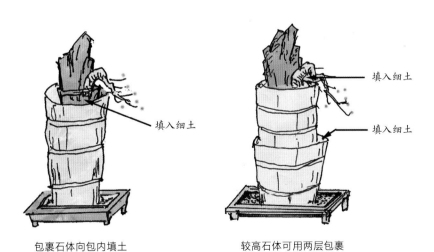

填入细土

填入细土

填入细土

包裹石体向包内填土　　　较高石体可用两层包裹

包裹壅土

周围，用旧地板革或塑料软盆（营养袋）剪除底部包裹石体，然后向包内填入疏松的细土，压实后再填入细土，填满后向包内灌水，使土壤沉实后再填满土壤，包内特别是石体凹陷的地方不要留空隙，否则会影响根的生长。采用茎干嵌植的无需壅土，只要在上盆后把石体基部的根埋入土中即可。但为了促进茎干附石的快速成型，在夏秋季节，最好用土工布或其他易吸水的材料包裹石体，并经常向包裹物喷水，保持包裹物湿润。这样可以防止在高温季节强日照的情况下，石体吸热使沟槽树干失水过多而影响其生长。

用土工布包裹石体

附石盆景嵌植缚扎完成后，特别要注意前期（包扎后 10~20 天）的管理养护，要置于无阳光直射、无北风吹袭的地方，每隔 5~6 天向枝叶喷水 1 次；包内和盆内土壤要保持干湿适中，太干不利生长，太湿则容易引起烂根。等到枝头芽尖萌动，长出新叶，说明根部已恢复生长，此时再移至半日照（上午有阳光，下午无日照）的地方培育管理，1 个月后可移至全日照的地方养护管理，及时浇水和追肥，每个月追肥 1~2 次。施用肥料可以用饼肥水，也可以用氮磷钾复合肥。切忌施肥过浓过勤，以防引起肥害；浇水也不能过多过勤，否则影响根部生长。

雍土培育一段时间后，茎叶生长旺盛，悬崖式、横卧式树形的主茎最前端的芽苞已能够正常萌发生长，根部生长已经恢复正常。如果茎叶生长不旺，主茎下垂或横卧的树木最前端的顶芽仍处于休眠状态，说明根部生长不够正常，可能有部分根部因缚扎时损伤或缺氧而腐烂，或因湿度不足而干枯，也可能是土壤的酸碱度不适宜根部的生长。遇到这种情况，应当查清原因，分别进行处理。因根部损伤或缺氧腐烂的，应减少浇水，防止盆土水分过大，增强土壤的透气性；因缺水而影响生长的，应恢复正常浇水；土壤酸性或碱性过大的，应改用中性或微酸性的土壤，待根部恢复生长后，再进行正常的追肥。

雍土培育期间，为促进根部的生长，不要进行枝叶的修剪，因为只有旺盛的枝叶，才能使根部更快粗壮，牢固地紧扎于石体的沟槽中。

④ | 露根修剪

雍土培育后，经过一年时间，树木的根部就已能稳定在石体的沟槽中，茎叶长势比较旺盛，树冠不断扩大，树根在石体底部的土壤中已形成根群，此时可以除去雍土，解开缚扎带，用喷壶或喷雾器喷水冲洗石体上的泥土，使根部清晰可见。对新长出来的越出沟槽的根，如果需要，可将其移入沟槽中；如属多余的，应剪除掉；如发现部分根分布不理想，或没有紧贴沟槽，应进行局部调整和重新包扎。

对根部进行清理的同时，也要对茎部进行修剪整形，剪除徒长的多余枝条，保持枝叶不过分繁茂，茎部要显得古朴苍劲，分枝层次布局要合理，树形与石形协调、融洽，树石比例恰当。

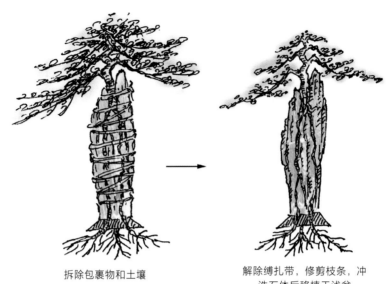

拆除包裹物和土壤　　　　　解除缚扎带，修剪枝条，冲
　　　　　　　　　　　　　洗石体后移植于浅盆

露根修剪

露根的季节宜选择在春季4~5月份，因为这一季节湿度大，温度也适宜树木生长，露根后根部不会因为环境突然改变而影响生长。

微型附石盆景的壅土培育时间一般只需半年左右，春季制作，常在夏末秋初露根，这一时期的气温开始回落，只要注意保湿并摆放于无阳光直射的地方，就能正常地生长。

5. 上盆

盆是盆景的重要组成部分，一盆形神兼备的附石盆景，必须用一个与之相匹配的盆来栽植。如果·盆很好的附石盆景种植于一个不相协调的花盆中，就会使景观大为逊色。因此，要认真选好用盆。盆的大小、颜色与形状要与树石的形态、色泽相协调、相匹配。一般要选择深2~3厘米的浅盆，可以最大限度地显示附石盆景的全貌，使境界更加开阔。盆的形状以长方形和椭圆形盆为宜，长方形盆刚劲大方；椭圆形盆柔和优雅，可按景物形态进行选配。盆的大小要

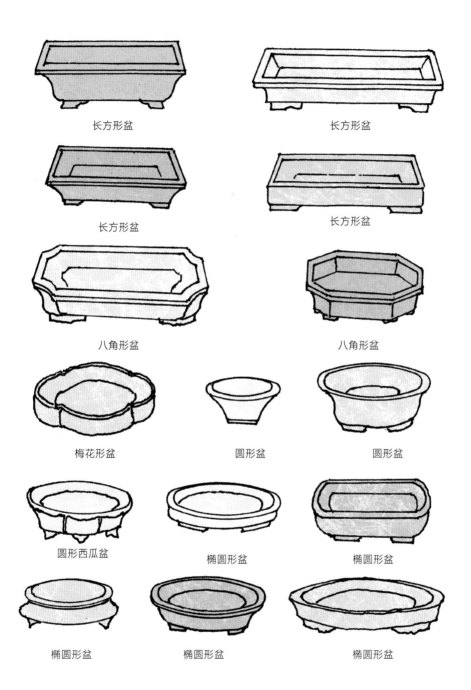

长方形盆　　　　　　　　　长方形盆

长方形盆　　　　　　　　　长方形盆

八角形盆　　　　　　　　　八角形盆

梅花形盆　　　圆形盆　　　圆形盆

圆形西瓜盆　　椭圆形盆　　椭圆形盆

椭圆形盆　　　椭圆形盆　　椭圆形盆

附石盆景常用盆

与树石的高度相协调。盆的颜色以灰白、淡黄、淡紫、浅蓝色的为宜。盆的种类有瓦盆、陶盆、瓷盆等多种。瓦盆质地粗糙，通气性好，价格便宜，但一般只用于假植育苗，不作盆景用盆；陶盆即紫砂盆，有朱砂、白砂、紫砂、青砂等数种，以江苏宜兴产的质量较好，是附石盆景常用的盆类；瓷盆外表美观，但透气性差，一般不作附石盆景用盆。

附石盆景植入盆中的位置要恰当，石势或树势向一侧倾斜或伸展的，植入位置要适当偏移到另一侧，使整个盆景的重心不致偏离，盆面空间可以得到合理利用；树形和石形均为直立的，植入位置可放在盆的中央。在盆景植入盆中时，要防止排水孔被堵塞。排水孔位于盆中央，树石又摆放在盆中央的，可在排水孔周

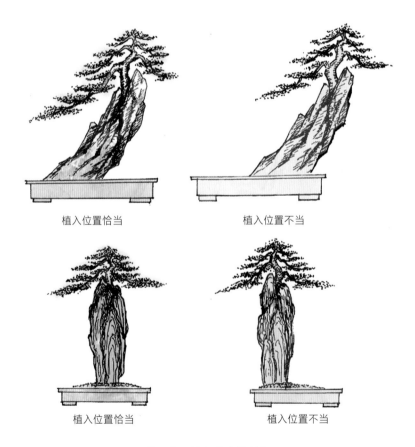

植入位置恰当   植入位置不当

植入位置恰当   植入位置不当

附石盆景植入盆中的位置

围垫放 3~4 片 10~15 毫米厚的塑料片或木材片，然后放入盆景，再填入土壤；排水孔位于盆两边的，可用塑料窗纱网盖住排水孔，然后放入盆景，填入土壤。填土后，要浇足水分，使土壤沉实并与根部紧密接触，填土不宜过满，要留出盆沿，以防施肥、浇水时，肥、水流出盆外。

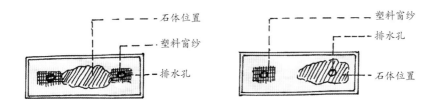

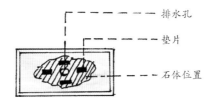

排水孔的覆盖方法

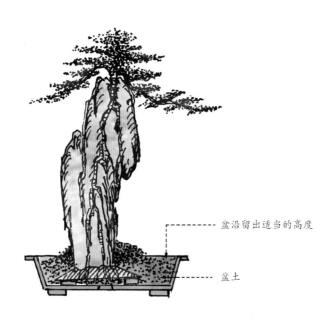

盆土保持的高度

6. 铺苔

为了使附石盆景充分展示大自然的秀丽景色，可在石体上（松质石）和盆土表面铺植青苔。铺苔方法有自然铺苔和人工铺苔两种。

（1）自然铺苔　将附石盆景置于较阴湿的地方，经过一段时间后，石体表面和土面可自然形成青苔；也可将芋头捣碎搅成糊状，涂于石体表面和土面，置于无阳光直射处，使石体和土壤保持湿润状态，不久即自然生长青苔。

（2）人工铺苔　人工铺苔的方法较多，较常用的方法是从野外或潮湿的墙脚、砖块上采回青苔，揉碎后用泥浆与之拌和，涂刷于石体上和盆土表面，保持石体湿润，不久就会长满青苔；也可以将采回的青苔揉碎后，倒入瓶里或水缸中，加入清水，搅拌均匀，置于阳台有阳光照射处，水会逐渐变绿，然后将此水浇施于石体上和盆土表面，保持湿润，不要很长时间，青苔就会生长起来；还可以将采回的青苔直接铺设于盆土表面，这也是一种比较省事的办法。

铺设青苔后，要注意保持盆土的湿度，施肥不宜过浓。夏末秋初，当空气湿度低或施肥不当时，均容易造成青苔枯死。

7. 点缀

附石盆景在恰当的位置，点缀一些配件饰品，如塔、亭、桥、屋等建筑物，或农夫、樵夫、牧童、书生等人物，以及牛、羊、鸟等动物配件，可深化意境，起到画龙点睛的作用。但是点缀配件一定要恰当，体积不宜过大，也不要所有附石盆景都搞点缀，否则会变成画蛇添足了。

点缀的配件，一般可从花鸟市场上买到，但有时也难以挑选到自己满意的配件，遇到这种情况时，可以自己动手进行制作。一是可采用叶蜡石、青田石等软质石，雕刻出桥、亭、塔、屋等建筑物；

二是用黏土塑造各种人物以及牛、羊等动物，阴干后涂上粉底色，然后再上彩色；三是用橡皮泥、泡沫塑料等雕刻或切割黏结制成各种配件，取材容易，花钱又少，初学者都可以试一试。

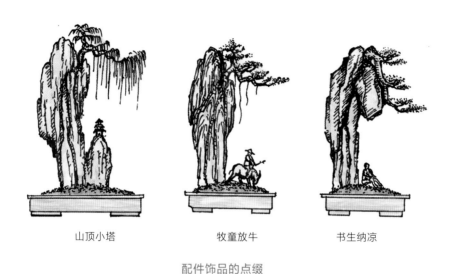

山顶小塔　　　　　牧童放牛　　　　　书生纳凉

配件饰品的点缀

【竞秀】

异叶南洋杉＋砂积石、英德石
作者：王琼培

8. 命名

附石盆景创作完毕后，题上一个好的名字，可以起到点明意境、突出主题的作用。盆景名字是盆景形态与意境（即形与神）的高度概括，题名必须确切、简练、含蓄、高雅，切忌脱离主题、不符景致、文句过长、格调庸俗、平淡无味。初学者在给盆景命名时，如一时想不出恰当的词句，可以借鉴名胜古迹给盆景命名，如形似武夷山玉女峰的附石盆景，可命名为"玉女春色"，体现桂林山水的附石盆景可题名为"漓江岸畔"，表现黄山迎客松的附石盆景，可命名为"峭壁迎客"等。也可以根据盆景的外形题名，如独峰形附石盆景可命名为"孤峰独秀"，悬崖形附石盆景可命名为"悬崖春晓"等。

二、 常见附石盆景制作实例

因树形与石形的千差万别，树石结合的形式也是多种多样的，不可能千篇一律。初学者应首先掌握几种常用石形与树形搭配的制作技艺，再通过不断的实践、探索，积累经验，才能把自己的制作技艺提高到一个新的水平，在面对其他不同的石形和树形时，就知道如何进行恰当搭配，就能胸有成竹，操作自如了。

1. 剑形附石盆景

剑形石因石体较瘦长挺立，如用直立向上、株型较高的树木与之结合，就会显得不协调、不自然。如果选择曲立式、悬崖式、横卧式等树势横向或下悬的树形与之搭配，就会显得恰当、自然，能充分展示孤峰突起、挺拔峻峭的山岭上生长着古朴苍劲的树木之势，给人以雄伟、刚强、临危不惧的感觉。定植点宜选择在顶峰略低的凹陷处，沟槽有3~4条，从定植点延伸至石体底部，其中2条分布在正面，另一条分布于背面或侧面。树木要有3~4条可延伸至石体

附石盆景
制作全图解

【老少情深】

榆树＋英德石
作者：王琼培

榆树＋英德石
作者：郑振竹

底部的根，分别嵌入正面、背面或侧面的沟槽中。树种可选用榕树、椰榆、松树、异叶南洋杉等。宜用椭圆形或长方形盆栽植，培育过程要注意枝叶不宜过密，尤其是悬崖式树形的末端往往生长过弱而形成顶托的第一侧枝生长过旺，因此要注意顶托的控长修剪，分枝层次要简洁清晰，树冠宁小勿大，才能形成久经风霜、挺拔刚强的风姿神韵。

【龙腾险峰】

异叶南洋杉＋英德石
作者：王琼培

南洋杉＋英德石
作者：王琼培

异叶南洋杉＋英德石
作者；王琼培

异叶南洋杉＋英德石
作者：王琼培

江芽罗汉松＋英德石
作者：王琼培

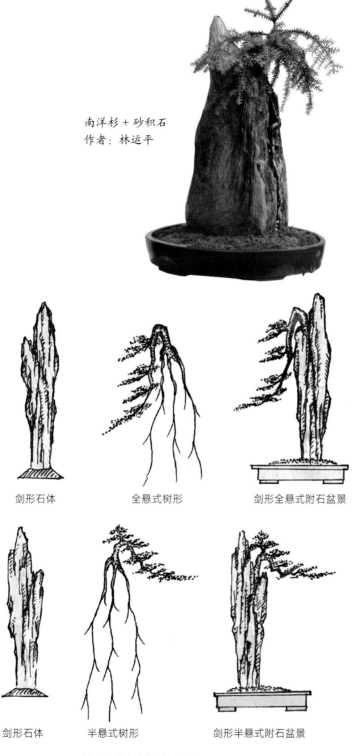

南洋杉 + 砂积石
作者：林运平

剑形石体　　　　　全悬式树形　　　　剑形全悬式附石盆景

剑形石体　　　　　半悬式树形　　　　剑形半悬式附石盆景

剑形石体与树形的搭配

2. 柱形附石盆景

　　柱形石因顶部圆钝，石体较胖，不宜采用全悬式或直立式的树形，应选择曲立式、横卧式或半悬式树形与之搭配，使树木的枝叶能在石体顶端展开，好似片片白云飘浮于山顶，给人以亲临深山老林，身处大自然的感觉。树种可选用榕树、榔榆、福建茶、六月雪等。定植点选择在石体的顶端，沟槽可以有 4 条，分别从

【树石情深】

榆树 + 英德石
作者：王琼培

正面、背面和侧面延伸至底部，树根分别嵌入各条沟槽内，树的主茎向一侧伸展或略下悬。树下的盆面可加放牧童或樵夫等配件加以点缀，以加深意境。选用椭圆形盆栽植，培育过程要注意枝条的修剪，分枝层次有 3~5 片即够，不宜太多，每个分枝应保持水平状伸展。

榆树 + 英德石
作者：郑振竹

罗汉松 + 英德石
作者：郑振竹

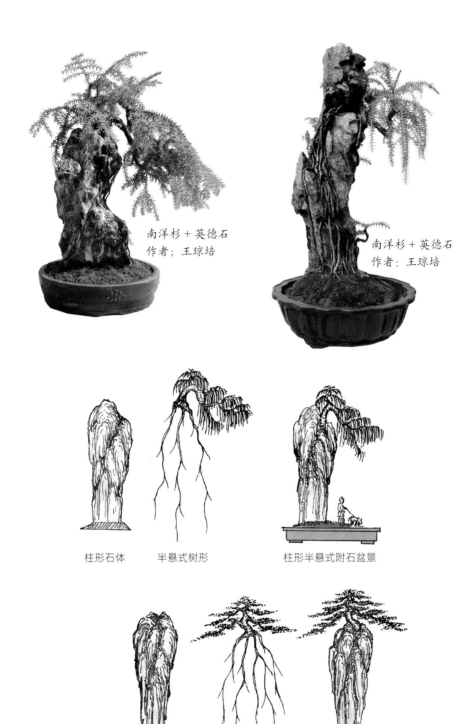

南洋杉＋英德石
作者：王琼培

南洋杉＋英德石
作者：王琼培

柱形石体　　半悬式树形　　　　柱形半悬式附石盆景

柱形石体　　曲立式树形　　柱形曲立式附石盆景

柱形石体与树形的搭配

另一种形式是采用嵌干式附植方法，把树木的茎部嵌入石体沟槽内，分枝向左右伸展，形如树缠石、石包树的奇异景观。但石体沟槽必须按树木茎部的走势进行雕凿。树种可选用榆树、福建茶、榕树、三角梅等。培育过程要注意分枝的修剪，枝叶不宜太多太密。

榆树＋卵石
作者：王琼培

　　应用树干附石的树种以榆树较为理想。采用直立单干或双干的榆树，茎粗（直径）3~4毫米较好，容易弯曲缠绕、不易断裂，而且制作后成型较快。

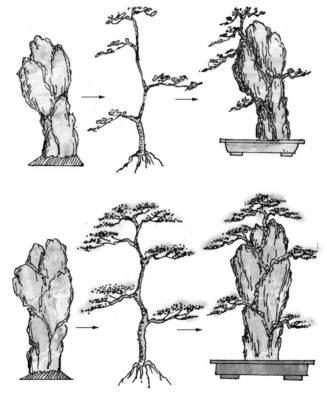

柱形石体与树木的嵌干法嵌植

3. 三角形附石盆景

三角形石体有两种石形：一是石体较高、石势陡峭的三角形石体，应与曲立式、横卧式、半悬式树形搭配，树种可选择异叶南洋杉、榕树、榔榆等。定植点选择在石顶略低的凹陷处，沟槽大部分可分布在正面，部分分布在侧面和背面，树根沿沟槽向下伸展，树木主干向一侧伸展，或略下悬，犹如一座雄伟的高山，山顶的树木古朴苍劲、久经风雨，有不畏天险、令人奋发的气势。可用长方形盆栽植，培育过程要注意控制枝条的生长，保持苍劲、典雅、潇洒的风韵。

【拥抱终生】

榆树＋英德石
作者：王琼培

榕树＋砂积石
作者：王琼培

二是石体矮壮、坡度不大的三角形石体，应搭配曲立式树形和根系发达、强壮的榕树等树种。定植点选择在石体顶端，沟槽自石顶向四周蜿蜒而下，树根环抱石体，有咬定青山不放松之势，给人以稳重、牢固的感觉。可用椭圆形或长方形盆栽植，培育过程中要注重树冠的控制，防止树、石比例失调。

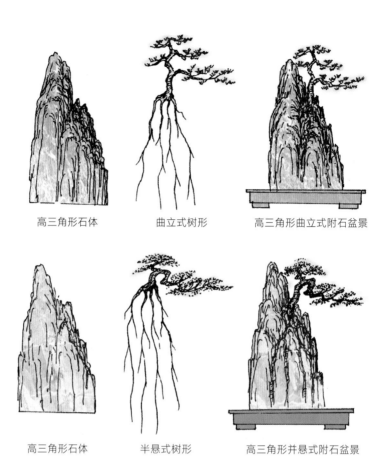

高三角形石体　　　曲立式树形　　　高三角形曲立式附石盆景

高三角形石体　　　半悬式树形　　　高三角形并悬式附石盆景

高三角形石体与树形的搭配

南洋杉＋英德石
作者：林运平

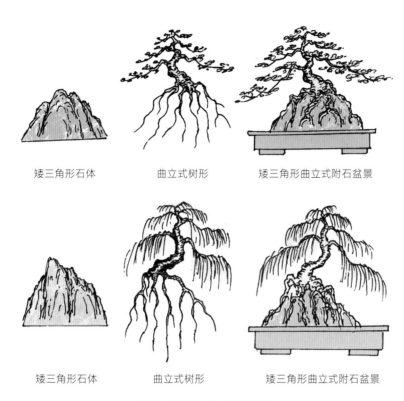

矮三角形石体　　　　曲立式树形　　　　矮三角形曲立式附石盆景

矮三角形石体　　　　曲立式树形　　　　矮三角形曲立式附石盆景

矮三角形石体与树形的搭配

【春到陡壁】

榆树＋英德石
作者：王琼培

倾斜形石体宜选用斜干式、横卧式或曲立式树形，才能与石形相匹配。定植点宜选择在石体的上部或顶端，沟槽顺倾斜石势延伸至底部，树根嵌入沟槽紧抱石体，树势向石体倾斜的相反方向伸展，以求重心的平衡和空间的利用。石和树的动感较强，欲倒之石和倾卧之树，构成了险奇的景观。用长方形或椭圆形盆栽植，培育过程要注意保持树势的倾斜和枝叶的控制。

【相依】

榆树 + 英德石
作者：王琼培

异叶南洋杉 + 英德石
作者：王琼培

榕树 + 英德石
作者：王琼培

【顽石生晖】

异叶南洋杉 + 英德石
作者：王琼培

榆树 + 英德石
作者：王琼培

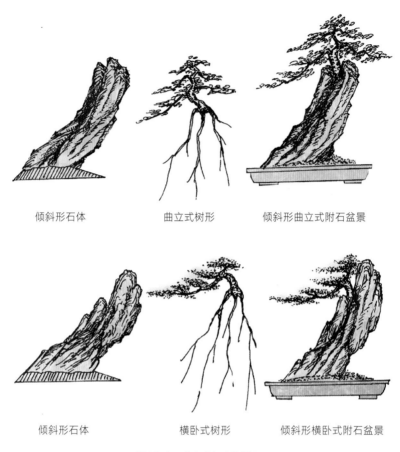

倾斜形石体　　　　　曲立式树形　　　　倾斜形曲立式附石盆景

倾斜形石体　　　　　横卧式树形　　　　倾斜形横卧式附石盆景

倾斜形石体与树形的搭配

5. 　丨　悬崖形附石盆景

　　悬崖形石体宜搭配横卧式或悬崖式树形。定植点宜选择在石体顶部，沟槽分别从正面和侧面向下缠绕延伸，树干向石体悬出方向伸展或下悬，树根沿沟槽伸至石体底部。树干古朴、枝叶疏稀、层次错落、自然流畅，宛如悬崖蛟龙欲潜入海，显示出不畏艰险、顽强拼搏之气概。培育过程要注意枝叶的修剪、控制，不让其伸向石体正面，以免遮住石体和裸露的根部。

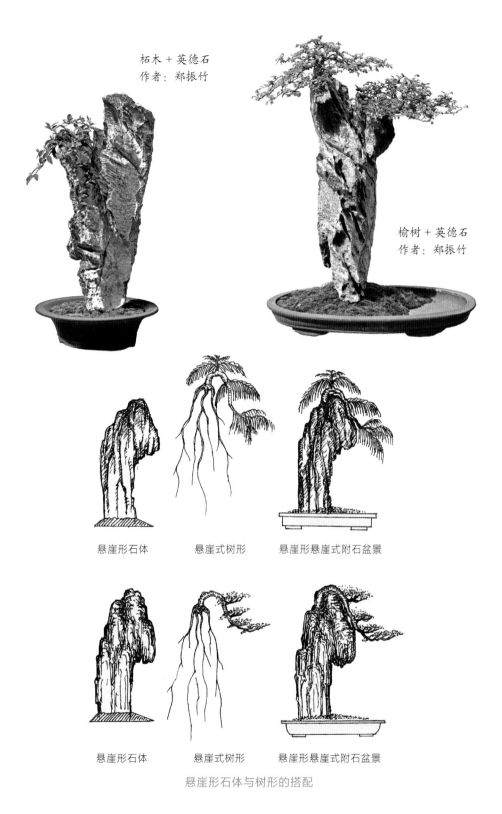

柘木＋英德石
作者：郑振竹

榆树＋英德石
作者：郑振竹

悬崖形石体　　　　悬崖式树形　　　　悬崖形悬崖式附石盆景

悬崖形石体　　　　悬崖式树形　　　　悬崖形悬崖式附石盆景

悬崖形石体与树形的搭配

85

弯曲形石体应选择横卧式、半悬式或曲立式树形与之搭配，树种可选择异叶南洋杉、榔榆、榕树等。定植点宜选在石体顶部，沟槽从石顶蜿蜒而下，树根分别嵌入沟槽，盘缠石体向下延伸至石体底部。石形之奇特、树木之优美潇洒，给人以造型新颖、婀娜多姿的感觉。可用椭圆形盆栽植，培育过程中要注意控制树形和修剪枝叶。

异叶南洋杉＋灵璧石
作者：王琼培

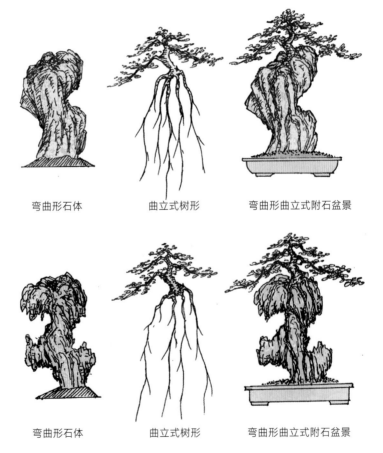

弯曲形石体　　　曲立式树形　　　弯曲形曲立式附石盆景

弯曲形石体　　　曲立式树形　　　弯曲形曲立式附石盆景

弯曲形石体与树形的搭配

7. | 倒立形附石盆景

　　倒立形石体宜用曲立矮壮式树形与之搭配，树种可选择榔榆、榕树、福建茶、六月雪等。定植点宜选在石体顶端，沟槽顺石势向下延伸，树根嵌入沟槽紧抱石体。造型险峻而优雅，具有亭亭玉立、险而秀丽之风韵。可选用椭圆形盆栽植。培育过程中要保持枝叶疏稀，分枝层次不宜过多，一般有 3~5 片枝托分布即可。

　　另一种倒立形石体可以搭配榔榆、榕树、福建茶等树种的直立式树形，把树木主干嵌入石体中下部沟槽，树干上伸至石体上部被折向一侧弯曲悬垂，形成石压树、树顶石，既相互抗争又相互融洽的态势，可用椭圆形盆栽植。培育过程中要做好分枝的修剪，保持古朴、刚劲的树形。

异叶南洋杉 + 沙积石
作者：王琼培

三角梅 + 英德石
作者：郑振竹

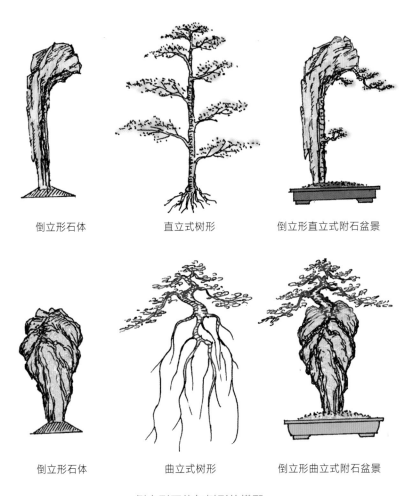

倒立形石体　　　　　直立式树形　　　　　倒立形直立式附石盆景

倒立形石体　　　　　曲立式树形　　　　　倒立形曲立式附石盆景

倒立形石体与树形的搭配

8. | 多孔形附石盆景

　　多孔形石体宜选择曲立式、根部粗壮、有韧性的树种，如榕树、榆树等与之搭配，将树根穿绕孔洞，向下伸展，也可将树木茎部穿绕石洞，侧枝向外伸展，形成树穿石、石抱树、形态奇特的树石结合形式，给人以群龙穿石之感，可用椭圆形盆栽植，培育管理方法同其他石形。

异叶南洋杉 + 芦管石
作者：王琼培

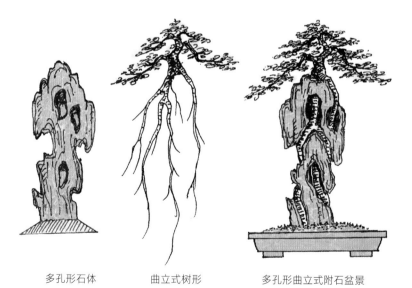

多孔形石体　　　　曲立式树形　　　　多孔形曲立式附石盆景

多孔形石体与树形的搭配

第三章

附石盆景养护管理

养护不放松

　　附石盆景是有生命的艺术品，附植在石上的树木需要在一定的光度、温度、湿度和养分的条件下，才能存活和生长，而且在生长期间，它的形态处于不断变化的过程，不可能经一次缚扎造型后就永不变样。因此，在完成整个附石盆景的制作后，必须毫不放松地长期做好养护管理工作。

　　附石盆景的养护管理，主要是做好浇水、施肥、防治病虫害、光照调控、换土、修剪整形等管理工作。通过精心养护，才可以保证树木的正常生长，使造型稳定在理想的范围内；同时还可以对盆景的形式和风韵进行修饰、深化和提高。养护的时间越久，树木根部与石体的结合就越紧密，枝干也就越显得古朴苍劲，附石盆景的观赏价值也就越高。

　　附石盆景经过精心养护管理后，就进入了观赏阶段。此时，既要注重附石盆景与几架的配合，还要注意附石盆景的摆放环境。

 浇水

　　浇水是附石盆景管理养护中最经常而又最重要的工作。附石盆景，因其栽植的盆钵较浅，盆中的土壤很少，而且吸水性强的石体还会加快水分渗透与蒸发，极易造成盆景缺水，引起树木萎蔫，甚至枯死。因此，及时浇水对保证附石盆景树木的存活和正常生长，显得特别重要。

　　（1）不同季节的浇水量　不同季节，因气温、雨量和湿度的不同，附石盆景的需水量亦不同。春季雨水较多，湿度较大，盆土处于湿润状态，无需经常浇水；夏秋季是高温季节，雨水少、湿度低，盆土易干燥，树木又正处于生长期，需要大量水分，应经常浇水；

冬季温度低，树木进入休眠或半休眠状态，应少浇水。浇水要看盆土的干湿度和天气状况，盆土干燥就应浇水，盆土湿润就不必浇水；阴天水分蒸发慢，也不必浇水或少浇水。

（2）不同树种的浇水量　不同的树种，需水量也各异，阔叶树如福建茶、榕树、六月雪、榔榆等，由于叶片蒸发量大，需水量要大些；针叶树如异叶南洋杉、松树等，因其水分蒸发较少，需水量也相对小些，而不耐旱的树种如福建茶和喜湿的树种如榕树、六月雪等浇水就要勤快些。

（3）浇水的时间　浇水的时间要看不同季节、不同温度而定。春季气温开始回升，一般在下午浇水；夏秋季温度较高，应在傍晚浇水；冬季温度低，应在中午浇水。选择上述时间浇水，目的是避免水温与气温差距过大，影响树木的生长。

罗汉松＋英德石
作者：郑振竹

要特别提示的是，切忌在夏秋高温季节，又有强烈日照的中午时分浇水。此时浇水，犹如向热锅里加冷水似的，对根部有很大的伤害，如果让水洒于叶面，形成水珠，更易引起叶片灼伤。冬季浇水，因水温太低，应事先将水盛于桶中经太阳晒热后使用，不要直接用冷水浇。

（4）浇水的原则　浇水要掌握"不干不浇，浇则必透"的原则。土壤干时才浇水，浇水一定要浇透，不要只湿土表，而要浇至盆底出水孔有水流出才算浇透。在一般情况下，春季3~4天浇水1次；夏秋季1~2天浇水1次，其中夏末秋初，每天早晚各浇水1次，每天傍晚结合浇水向石体和树木枝叶喷水1次。一定要看土、看天浇水，不要盲目浇水。如果浇水太常太多，盆土长期处于水分饱和状态，

附石盆景制作全图解

会使土壤中空气减少，引起根部窒息烂根。

（5）浇水的方法　附石盆景要用花喷浇水，不宜用水勺冲浇，以免盆土被冲刷。浇水时，除盆土浇足水后，石体和树木枝叶上也应适当喷水，以便使树木枝叶保持光洁青翠，石体青苔也不致干枯死亡。小型盆景宜用细孔喷壶喷水，或用手提喷雾器喷水。

（6）水质的选择　水质的选择也很重要，附石盆景和其他盆景一样，都要选用无污染的清水为好。例如，雨水和无污染的河水、池塘水等都可以使用；自来水、井水也可以使用，但自来水含有漂白粉、液氯等强碱性消毒剂，长期使用会使土质发生变化，不利于树木生长。最好先将自来水放入缸或桶中，不要加盖，贮藏3~5天让其沉淀后使用。如果是用井水，也得注意水质的酸碱度。有许多地方的井水呈碱性，或含有其他不利于植物生长的矿物质，这样的井水都不能用于浇灌盆景植物。

冲淋浇水不妥

喷淋浇水好

喷淋浇水好

浇水的方法

施肥是给植物补充养分，维持其正常生长的主要方法，也是调控植物生长的重要手段。附石树木经过造型，枝干和树冠形态基本上固定下来时，应当不施或少施肥料，只让树木生存，不让其长大。如果树木的生长量不足，树冠和枝干尚未达到造型的要求，则应通过适当的追肥，促进其枝干的生长。

（1）控制性施肥　控制性施肥是指不给土壤补充养分。如果长势较差，可进行1~2次根外追肥，采用0.2%的磷酸二氢钾溶液（2克磷酸二氢钾溶解于1千克清水中），或用多种微量元素叶面肥（即多元叶面肥）喷洒于叶片上，但必须注意如下几点。

①浓度不能过大，否则会灼伤叶片。

②肥料要完全溶解后才能使用。

③根外追肥宜在晴天的傍晚或阴天进行，下雨或即将下雨的天气均不宜进行根外追肥。因为，喷洒在叶面上的肥液需要有一段时间内保持湿润状态，才能被叶片吸收。

④根外追肥要用手提喷雾器，向树木的叶面尤其是叶背均匀喷雾，因为叶背吸收肥分比叶面多。

根外追肥可使树木叶片浓绿，并具有光泽，最好选用含磷钾为主的肥料，可使树木枝干更加强壮。

（2）促进性施肥　促进性施肥是以施氮肥为主，采用豆饼、花生饼，经捣碎后，放入水中浸泡，充分发酵腐熟后，掺水4~5倍施用。饼肥以含氮为主，但也含有磷、钾等植物生长所需要的元素，施用后对树木生长效果较好，既能使茎叶正常生长，又不至于产生因偏施氮肥所造成的枝干徒长。但是，饼肥在发酵过程和施用后2~3小时内有难闻臭味，可以在发酵过程中加以密封或加入一些柑橘皮就能防止或清除臭气。摆放在室内的盆景，在施肥时应搬到室外，待施肥 4~5 小时后再移入室内。

除施用饼肥以外，还可采用氮磷钾复合肥，取复合肥 5~10 克溶解在 1 千克的清水中，配成 0.5%~1% 的溶液，施于盆内土壤中。施用复合化肥虽然较为清洁，但肥效要比饼肥差。

（3）施肥注意事项　施用未充分腐熟的饼肥或施用浓度偏高的肥料都会给树木造成肥害；施肥次数过多，尤其是偏施氮肥也会使植株徒长，枝干节间拉长，叶片肥大，使典雅古朴的树型遭到破坏。在树木的生长季节，促进性的施肥一般每月 1~2 次即可；控制性根外追肥一般几个月 1 次就够了。冬季树木进入休眠或半休眠状态，应停止施肥。

施肥应在傍晚或阴天进行，以免施后受太阳暴晒，肥分挥发。施肥应采取少量渐施的方法，使土壤充分吸收，防止肥水溢出盆外，影响环境卫生。

四、 防治病虫害

附石盆景因常常摆放在室内或半室内环境中，通风、透光条件较差，容易发生煤烟病、蚜虫、蓟马、粉虱、红蜘蛛等病虫害，严重时往往使整株树木干枯而死。

防治病虫害，首先要识别的是植株发生了什么病害或虫害，然后才能对症下药进行防治；其次是要贯彻"预防为主，防治结合"的原则，注意盆景的通风、透光和适度的日照；做好科学施肥，使树木健壮生长，增强抗病能力。经常检查，及时发现病虫害，把病虫害消灭在初发阶段。在防治方法上，应提倡用人工捕杀或摘除病叶的办法，尽量不用或少用农药防治，以免污染室内环境。在不得已要用农药时，一定要注意安全，防止污染环境。摆放在室内的盆景一定要搬到室外喷药，要注意防止把药液飞溅到食品和其他物品上，尤其是在给阳台上的盆景喷药时，要特别注意防止药液溅落到下一层阳台的物品上。所选用的农药必须是杀死病虫效力高，又对人畜毒性低（即高效低毒）的农药，如吡虫啉、乙酰甲胺磷等。

1. 煤烟病

煤烟病容易发生在福建茶、榕树、榔榆等树木的叶部，以福建茶较为常见。开始时，叶片出现暗褐色霉斑，以后逐渐扩大形成黑色煤烟状霉层，以致叶片无法进行光合作用而逐渐枯死。在荫蔽、潮湿的环境下，最易发生此病。发病原因主要是由于树木发生蚜虫、介壳虫后，病菌在这些害虫的排泄物上滋生而造成植株发病的。

防治办法：一是要消灭蚜虫、介壳虫；二是要把盆景移至通风、透光处养护；三是在发现少量病害时，用洗洁精或肥皂水洗刷净叶片上的黑霉。发病严重时，可喷涂多菌灵800~1000倍液。

2. 蚜虫

蚜虫主要发生在福建茶、榕树等树木的枝顶嫩芽和新叶上，用刺吸式口器吸取叶片的汁液，引起叶片皱曲变形。

蚜虫的无翅孤雌蚜，体长约2.2毫米，体色为绿或黄绿色；有翅孤雌蚜为绿色；卵椭圆形，初为绿色，后转黑色；若虫体色淡绿。

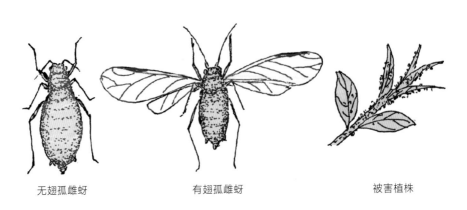

无翅孤雌蚜　　　　　有翅孤雌蚜　　　　　被害植株

蚜虫

蚜虫一年繁殖几十代，其卵在树木的腋芽基部越冬，次年春季随气温转暖而加速繁殖，并由有翅蚜扩散蔓延，每年的春季和秋季发生较多。

蚜虫在为害过程中还会排泄出大量蜜露，招来蚂蚁和引起煤烟病的发生。蚜虫繁殖迅速，树木发生蚜虫后，数天内就可蔓延到全株。

防治办法：一是在蚜虫少量发生时，用手将其捏死；二是在大量发生时，可以喷洒 10% 吡虫啉 5000 倍液。

3. 介壳虫

为害附石盆景较常见的介壳虫主要是吹绵蚧和粉蚧，常发生在福建茶、榕树等树木的叶片背面、枝条交叉以及枝顶嫩芽等处，用刺吸式口器吸取树木的汁液，同时排放出大量黏液，诱发煤烟病，使叶片布满黑霉。发生于榕树上的粉蚧或吹绵蚧往往群集于枝顶的嫩芽上为害，使生长点无法伸展，嫩叶萎缩成束。

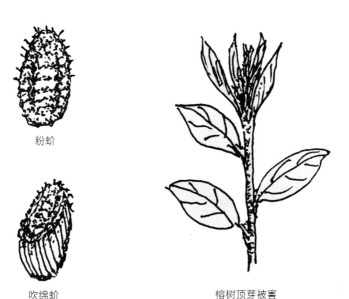

粉蚧

吹绵蚧

榕树顶芽被害

粉蚧与吹绵蚧

吹绵蚧的成虫椭圆形，雌虫体长 5~7 毫米，雄虫体长 3 毫米。虫体暗红或橘红色，背面被白蜡粉向上隆起；卵长椭圆形，长 0.7 毫米，橙红色。吹绵蚧一年繁殖 2~3 代，春季和秋季发生较为严重，成虫在树干的缝隙中越冬。

粉蚧雌成虫体扁平、柔软，并被白色蜡粉；卵淡黄色，长椭圆形；若虫黄褐色。粉蚧一年繁殖 3~4 代，多发生在春夏两季，在荫蔽的环境条件下繁殖迅速。

防治办法：一是要把盆景置于通风、透光处；二是要及时检查，发现害虫，要及早处理。在少量发生时，可用旧牙刷蘸肥皂水刷除介壳虫。到大量发生时，可喷洒 10% 吡虫啉 3000 倍液，或 25% 噻嗪酮 1000 倍液与 40.7% 毒死蜱 1000 倍液混合喷洒。

4. | 蓟马

蓟马是一种虫体较小的害虫，成虫黑色，雌虫体长约 2.6 毫米，雄虫体长约 2.2 毫米；若虫白色。成虫活动力较强，稍一触动，即飞往他处。此虫害主要发生在榕树的嫩叶上，吸取枝叶中的汁液；叶片受害后，以中脉为轴向叶面卷折成半叶形，叶质硬化变脆。蓟马一年可繁殖数代，多发生在夏秋季，尤其是久旱遇雨时，往往会突然暴发。

成虫

受害叶片

蓟马

防治方法：一是在蓟马少量发生时，人工摘除受害叶片，并把卷叶内的害虫捏死；二是在虫害大量发生时，喷洒 10% 吡虫啉 3000 倍液或 40.7% 毒死蜱 1000 倍液。

5. | 粉虱

粉虱是为害榔榆的主要害虫，常寄生于叶片或局部枝干上，吸取树木汁液，使受害叶片枯黄，枝干枯死。成虫体长约 1.2 毫米，浅黄色，翅白色，被有白色蜡粉；卵长椭圆形，初产为淡黄色，后转褐色；若虫体长约 0.5 毫米，长椭圆形，扁平，淡绿色，体周围有白色蜡丝；蛹椭圆形，稍隆起，淡黄或淡褐色，蛹壳背面有白色蜡丝。粉虱一年繁殖 9~10 代，世代重叠，成虫一般不太活动。

成虫　　　　　　害虫群集于枝干上

粉虱

防治办法：一是以人工防治为主，将被害叶连同害虫一起剪除烧毁，并用旧牙刷蘸肥皂水或洗洁精，擦刷枝干，直至把虫体全部刷尽为止；二是大量发生时，可喷洒乙酰甲胺磷 1000 倍液或 40.7% 毒死蜱 1000 倍液。

红蜘蛛在各种树木上几乎都会发生。吸取叶片汁液，使被害叶片形成密集的细小黄点，严重时整株叶片全部枯黄掉落。雌成螨椭圆形，体色朱红；雄成螨菱形，淡黄色；卵圆形，淡红至粉红色；幼虫初孵近圆形，淡红色。一年可繁殖 12~20 代，在被害植物及杂草上越冬。高温干旱季节最有利于红蜘蛛虫害的发生。

防治办法：少量发生时，可以用人工摘除受害叶片，集中烧毁的方法处理；大量发生时，可以喷洒三氯杀螨醇 1500 倍液或 10% 吡虫啉 3000 倍液。

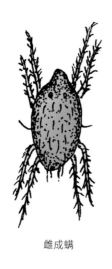

雌成螨 被害叶片

红蜘蛛

7. | 蚯蚓

蚯蚓本来是一种有益的动物，但是如果让它进入附石盆景的盆内，就会造成很大的危害。因为，盆内的土壤很少，如果蚯蚓在其中大量繁殖，来回穿洞，会使树木的根部无法正常吸取水分和养分，不但会把盆土搞成凹凸不平，而且还会消耗土中的腐殖质。蚯蚓密度大时，甚至可把整盆的土壤耗尽，最后只剩下沙粒，严重影响树木的生长，同时还会在芦管石、砂积石的石体中穿洞，加快石质的

附石盆景 制作全图解

蚯蚓

松散和风化。

　　要除尽蚯蚓是一件较麻烦的事，因为蚯蚓在土壤中产卵繁殖，肉眼难于发现其卵块，许多农药也无法起到杀卵的效果。唯一有效的办法是将原有盆土全部换过，换成无蚯蚓的土壤。选用水稻田里的土壤或从山上林间采集回来的腐殖土，以及从地下开采的泥炭土与细沙混合等。其次，如果土壤中蚯蚓不多的话，可以采取向土中灌施茶饼水或100倍硫酸亚铁水的办法，使蚯蚓从土壤里钻出土面，随即清除掉。此外，为了防止蚯蚓从摆放在地面上的盆景底部排水孔里侵入，应用砖块把盆景垫起，使排水孔与地面保持一定的距离。

8. | 蜗牛和蛞蝓

　　蜗牛和蛞蝓都是软体动物，多生活在潮湿的环境中，咬食树木嫩叶和嫩芽，使叶片形成许多孔洞，而且在石体和树叶上爬行时还

蜗牛

被害叶片

蜗牛

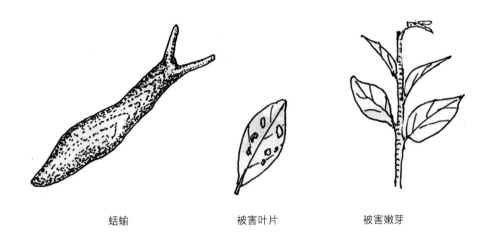

| 蛞蝓 | 被害叶片 | 被害嫩芽 |

蛞蝓

会留下黏液痕迹，不利于观赏。

蜗牛壳体圆形，自左向右旋转，生殖孔位于头部右后下侧，呼吸孔在体背中央右侧与贝壳连接处；卵圆球形，乳白色，有光泽，不透明。一年繁殖一代，寿命达一年以上。白天潜伏于花盆底部，晚间爬出为害。冬季气温降低或夏季气温升高时，蜗牛能分泌出白色黏液封住壳口，待气候适合时，又会出来活动为害。

蛞蝓体狭长，柔软，无外壳，呈灰褐色或黄白色，体长36毫米以上，身体肌肉内有丰富的腺体，能分泌胶状黏液。蛞蝓为雌雄同体，一般情况下是异体授精，卵产在土壤低洼处或花盆底部，卵块透明，念珠状，成堆。蛞蝓白天隐藏于土缝、石缝、花盆底下，夜间出来为害。

防治办法：一是人工捕杀，在夜间、早晨或傍晚，蜗牛和蛞蝓出来活动时，用铁或竹制的夹子，将其夹至地上，用脚踩死，或集中在一起捣碎杀死；二是在摆放盆景的地面，撒施石灰粉，防止其入侵。

五、 光照调控

光照是绿色植物生存的最根本条件，没有光照就没有绿色植物。但是不同植物对光照强弱的要求亦不相同。榕树、榔榆、福建茶等树种需要在全日照的条件下才能生长良好，六月雪适宜在半日照的条件下生长，异叶南洋杉对光照的适应范围较广，具有耐阴的特性，在全日照、半日照，甚至无阳光直射只有一定光度的室内，都能正常生长。

不论何种树木嵌植的附石盆景，都适宜在半日照的环境条件下养护管理。小型附石盆景由于盆土浅薄，根部外露，如果将盆景置于强烈的阳光下长时间照射，盆土水分会迅速蒸发干净，附石树木会因缺水而出现落叶或嫩枝萎蔫，甚至干枯死亡。但是，不论是否具有耐阴特性的树木，如果将盆景长期置于光线微弱的地方，也会造成叶片枯黄、凋落。因此，必须根据不同树木对光照的不同要求，以及所处的栽培环境，科学地进行光照的调控，既让附石盆景在不同光照的场所摆设，供人们欣赏，又不至于影响树木的生长。一般的调控方法是根据不同树种对光照的需求，定期进行不同地点、不同受光强度的轮换摆设。例如，在光线较弱的地方摆放榕树、榔榆等树木经 7~8 天，福建茶经 4~5 天，异叶南洋杉经 3~5 个月，就应及时移至光线较强的地方，否则就可能造成叶片由绿转黄，直至出现落叶。移至光线较强的地方 15~20 天后，又可以再搬回原处摆放。

植物都有较强的趋光性，长期摆放在室外的附石盆景，最好是正面要朝南或东南方向，这样，树木受阳光照射的面就较为均衡。如果受条件的限制，无法做到朝南或东南方向摆设的，可每隔 1~2 个月将盆景转动 1 次受光方向。否则，如果将盆景长期固定在一侧有阳光直射、另一侧光线较弱的光照环境下，树木会在

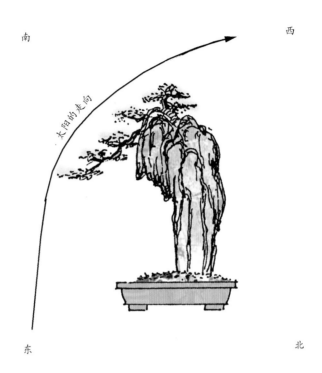

南　　　　　　　　　　西

太阳的走向

东　　　　　　　　　　北

附石盆景较理想的摆放朝向

受阳光照射的一侧生长旺盛；另一侧生长较弱，使整个树形的重心发生变化。有实践经验的制作者也往往会利用这一原理，对树木需要加强其长势的一侧，进行固定光照朝向的促长处理，以弥补其造型的不足。

 换土

　　土壤是植物生长的基础。盆栽植物从盆中有限的土壤里吸取养分和水分，维持其正常的生长。因此，盆土性质的优劣和肥分的高低，是影响附石树木生长的重要因素。

　　由于盆栽树木的根部被局限在有限面积的花盆里，盆里的土壤养分不要多久就会被吸收干净，盆内空间会被树根挤满。在这种情况下，盆内的保水、保肥能力已大大减弱，树木会因缺肥而叶片光泽减退、逐渐变黄。因此，要及时进行换土。

（1）换土次数 换土的次数要根据不同树木根部生长的速度、盆内是否已被根群挤满等情况来定。一般每两年换土1次。对已经定形的树木，换土相隔时间可以略长一些；对尚未定形的树木，需要让其扩大树冠的，换土相隔时间可以短一些。

（2）换土方法 用铁锹插入盆沿，将树石从盆中脱出，轻轻敲去根部土壤，剪短部分过长的根，去除过密的根，盖好盆内的排水孔，再把树石放回盆中原来的位置，填入新的土壤，浇足水分，使盆土沉实与根部紧密接触。盆土不宜填装过满，要略低于盆沿。换土后盆面要重新铺上青苔。

（3）换土季节 换土的季节应选择在春季，因为这时树木开始萌芽，最适宜换盆。其他季节换土，容易造成树木生长不良甚至死亡。但是，如果是在不除去旧土、不损伤树木根部的情况下，任何季节都是可以换盆的。

（4）土质要求 附石盆景所用的盆土应以疏松、腐殖质丰富、无蚯蚓、偏酸性或中性的壤土为宜。可以在秋冬季水稻收割后，从已晒干的稻田中，铲取表层的土壤，运回贮藏待用。稻田土较为清洁，无蚯

三角梅＋英德石
作者：郑振竹

蚓、无杂草，微酸性或中性，多数为肥沃的壤土，是附石盆景比较理想的用土。河泥或塘泥也可以用，但必须从无污染的非碱性的河塘中捞取，经晒干后待用。上述两种土壤，如果土质不够疏松肥沃，可以适当掺入一些腐殖土或泥炭土。腐殖土是由深山中阔叶林或针叶林的树下落叶经多年腐烂形成的，质地疏松肥沃，微酸性，富含有机质。泥炭土是古代地面植物沉积炭化而成，多藏于山坳的土层中，呈酸性，质地疏松，含有氮、磷、钾以及其他多种微量元素，各地已陆续大量开采，用于培育兰花、杜鹃花、瑞香等花卉。

黄荆＋海母石
作者：郑振竹

（5）土壤酸碱度检测　土壤酸碱度的检测可以采用简易的办法，取一小勺被检测的土壤置于洗净的玻璃杯内，加少量的蒸馏水（或中性清水）搅拌溶解后，待其沉淀、澄清，然后将酸碱度试纸（可到化学仪器商店购买）的一头插入澄清的溶液中，随即取出，观察其颜色变化。如果呈现淡绿至绿色为中性，黄绿色为微酸性，橘红至红色为弱酸性至强酸性，蓝色至紫色为微碱性至强碱性。

附石盆景所用的土壤，应经充分晒干后备用，不用未经暴晒的湿土。因为，土壤经日晒后，能改善其团粒结构，增强透气性和保水、保肥能力，有利于树木根部的生长。

七、 修剪整形

修剪既是季节性又是经常性的工作，修剪的目的是通过人工调控，使树木的生长不致偏离造型设计的形态。

附石盆景的树木是处于不断生长、不断变化的过程，如果不加以修剪控制，一段时间以后，整个树形就大不一样了，会出现树干枝条密生、上下重叠、层次混乱、树冠扩展的现象，降低了观赏价值。

修剪必须适时进行，才能获得良好的修剪效果。附石盆景树木一般每年修剪2次，第一次是春剪，在春季进行整形修剪；第二次是秋剪，在夏末秋初，气温尚未明显下降前，进行枝条的疏剪。除这两次修剪以外，平时如发现徒长或多余的枝条开始萌发，可以随时将其芽梢抹去，以免消耗养分，影响其他枝条的生长。

（1）春剪 春季修剪是树木造型最关键的时期。树木经过冬季休眠后，营养充足、芽苞待放，遇到温度回升，春雨来临，枝叶争相吐艳，抽枝特别有力。此时，如果修剪得当，可使整个树形保持良好的骨架；如果修剪不当，反而会使枝条疯长，搞乱整个树形。

罗汉松＋英德石
作者：王琼培

修剪前的形态

修剪后的形态

修剪后枝条的形态

树枝的修剪

春剪的适宜时间是在春芽即将开始萌发前，不宜太早或太迟。太早修剪，树木仍处于休眠状态，伤口难以愈合；太迟修剪，春芽已经萌发，养分大部分已输送到新芽上，此时修剪，树木已消耗了部分养分，再萌发新芽就显得瘦弱无力。不同树种的春芽萌发期也不同。榔榆较耐寒，休眠期处于落叶或半落叶的状态，一般在1~2月份开始萌动；常绿的榕树、异叶南洋杉和半落叶的六月雪等，一般在3~4月份开始抽出新梢。各地应根据当地的气候条件和不同树种的春芽萌发期，确定春季最佳的修剪时间。

春季造型修剪主要是对过长的侧枝和侧枝再分出的过长过密的小枝进行修剪，使各个侧枝形成的托片布局恰当、错落有致、高低起伏、自然流畅。修剪时，必须掌握枝条的留芽数量，一般1个小枝只留1~2个芽，其余全部剪除，留芽数量不宜太多，以免形成过多过密的分枝。

（2）秋剪　秋季修剪主要目的是疏剪，对多余的枝条如重叠枝、徒长枝、平行枝、对生枝、轮生枝、交叉枝等等，应全部剪除，个别因造型需要的可以进行缚扎改造，使树形更加紧凑，树干日趋古朴。

夏末秋初，还可对萌发力强的树木进行叶片更新，将其叶片全部摘除，经一段时间后，长出新叶，青翠欲滴，十分诱人，尤其是榕树经摘叶后，控制浇水、施肥，置于全日照环境下生长，不久长出的新叶，叶形变小，提高了观赏价值。

除对枝叶进行修剪外，对根部生长力较强的树木如榕树，也应进行根部的修剪。榕树往往在春夏季湿度较大的季节，茎干萌发出大量气生根，如不进行修剪，经过数年时间，整个石体会被根群包裹，掩盖了石体的形态。根部的修剪也要按造型的需要，该留的留，不该留的应予剪除。

八、 拔除杂草

　　使用土壤栽培的附石盆景，必须认真做好除草工作，盆土表面只许生长青苔，不可生长杂草，因为杂草不但有碍清秀整洁的景观，而且和盆栽树木争夺土中养分，影响盆栽树木生长。要清除杂草，首先是选用无杂草或杂草较少的土壤作为培养土，栽培水稻的土壤一般杂草较少，比较适宜采用。有的土壤虽然在采挖时没见到杂草，但在土中存在大量肉眼无法看见的杂草种子，使用后仍然会长出大量杂草。因此，除非用以石代土或水培等不用土壤栽培盆景，否则清除杂草是一项在所难免的工作。除草方法，一般是用人工将杂草拔除，除草时间选择在雨后或浇水后，土壤松软时才能把杂草连根拔除。存留在土壤中的杂草种子多数在春夏季节萌发，这一阶段是除草的关键时期，应在杂草萌发长出小苗时将其拔除，不要等到长成大苗后才拔，以免土壤养分被杂草消耗。如果等到杂草开花结果后才拔除，不但徒劳无益，而且会让杂草种子重新散落于盆土中，生长出更多杂草。因不同的杂草种子在土中萌发时期不一样，一年中要进行多次拔除，才能把杂

异叶南洋杉 + 火山石
作者：王琼培

附石盆景
制作全图解

草基本清除干净。为了确保盆景树木的正常生长，盆景除草目前还不宜使用化学药剂。

九、　陈设

一件形神兼备的附石盆景，只有通过恰当的摆设，才能充分展示、衬托其形态美与意境美，使之获得更佳的观赏效果。

附石盆景较适宜于摆放在客厅、书房、办公室、会议室、阳台、走廊、庭院等处。不同的摆放点因其光线强度的不同，应分别摆放对光线强弱适应性不同的树木，如异叶南洋杉、六月雪比较耐阴，可摆放在光线较弱的地方；榕树、榔榆、福建茶等，较不耐阴，应置于光线较强的地方。

不论哪一种树木，在室内摆放，都要选择光线较强的地点，在室外陈设则应选择阳光稀少，或无阳光直射的地方。因为附石盆景经不起强烈阳光的长时间照射。在室内摆设时，如果条件所限只能摆放在光线不足的地方，应在盆景的上方，安装日光灯，以增强光度。

摆放点的背景颜色宜浅不宜深，只有光洁素雅的背景，才能衬托出附石盆景的色泽和形态。摆放的高度应与观赏者的视线成水平。在室外，多数是站着观赏，应以站着的视线高度确定摆放高度。在室内的客厅、办公室、会议室等处，多以坐着观赏，应以坐着的视线确定摆放高度。陈设时，盆景的正面（即观赏面）朝前，面对观众，以最佳角度展示其优雅、奇特的形态与丰姿。

选配好几架（又称花架、几座）是做好附石盆景陈设的一项重要工作。附石盆景置于几架之上，可以提高其观赏价值，而且几架本身也是一件艺术品，盆景和几架两者互相协调，互相衬托，相得益彰。几架种类较多，有木制架、金属架、陶瓷架、树根架、钢筋混凝土架、石雕架等。小型附石盆景多数选用木制或金属制的博古

【树石缘】

榕、南洋杉、六月雪＋英德石、砂积石
作者：王琼培

【五子登科】

榆树＋英德石
作者：王琼培

矮长方形几架

矮长方形几架

矮椭圆形几架

高长方形几架

书卷几架

树根几架

树根几架

陈设小型附石盆景的几架

架和木制矮长方形几架、高长方形几架、矮椭圆形几架、书卷几架以及树根几架等作为陈设几架。几架可以从市场选购，也可以自行设计制造。几架与盆景应恰当搭配，长方形盆宜配长方形几架；椭圆形盆宜配椭圆形几架；博古架大多用于摆放组合微型附石盆景。几架平台的结构应坚固实用、简朴大方；几架的颜色宜深不宜浅，常用的颜色有棕红色和灰黑色，一般不用白色、蓝色、红色和黄色。

　　置于室外的固定摆设，因时间较长，要用金属架、石雕架、钢筋水泥架或砖砌架作几架，才经得起风雨的侵蚀。

博古架摆放微型附石盆景

第四章

『以石代土』
附石盆景制作
与养护

油杉＋海母石
作者：郑振竹

两面针＋海母石
作者：郑振竹

三角梅＋海母石
作者：郑振竹

由于我国城市化不断推进，广大群众居住条件不断改善，移居高层楼房的市民越来越多。居住在高楼的盆景爱好者，要挖取适宜培育盆景的土壤相对比较困难，而且用土培育又加大了保护环境卫生的时间和成本，因此，过去使用泥土培育盆景的方法，已无法完全适应市民的需要。为了解决这个问题，近年来，我们推广"以石代土"培育附石盆景的方法，获得较好的成效，满足了广大盆景爱好者的需求。

什么叫做"以石代土"附石盆景？简单地说，就是把植物种植在能够吸收水分的石块上，让石块吸收水与肥料，供给植物生长，不需要用土壤栽培。"以石代土"附石盆景具有制作简易、生产周期短、省工省钱、有利于大规模工厂化生产、搬运与养护管理方便、有利环境卫生等优点。

一、 制作方法

"以石代土"附石盆景的制作较一般附石盆景容易，除制作前的造型构思和树苗的繁育造型与一般附石盆景相似外，其不同之处有如下几点。

1 | 石料选择

应选用能吸收水分的松质石，如海母石、砂积石、芦管石、火山石等，这类石块不但能吸水，而且体积较轻，易于搬动。其中以海母石最佳，因这一石种质地韧性较强，与其他松质石相比，雕凿过程不易断裂，种上植物后，根部在石体的表面或空隙中生长，石体不易被撑破；石体表面有网状凹凸斑纹；石料来源较易，各地假山石材市场都有供应。但也有个别根部附着力强、能生长气生根的树种如榕树，也可用英德石等硬质石作为石料。

石料大小与形状的选择，要看作者的造型构思而定，一般来说，小型附石盆景选择小块石料，中、大型附石盆景选择中、大块石料。石体形状，应选择弯曲凹陷，沟槽、洞穴较多的石块，四方形、长方形、形状无变化的石体要花时间进行雕凿造型，尽量不要选用。

2 | 石料加工

石料选定后，制作小型附石盆景，对石形没有必要进行雕凿加工，只要确定石体站立姿势，是直立、横卧或倾斜之后再将石体底部用切割机或钢锯切平，使石体能站稳，底部不能用水泥制作底座

| 直立 | 横卧 | 倾斜 |

小型附石盆景确定站立姿势

或填补，以免影响石体吸水。制作中大型附石盆景，应按造型构思，除石体原来形状较好的之外，对形状不理想的石料应进行适当加工，但不要像制作一般附石盆景那样按植物根部的数量与走向雕凿沟槽。

| 石料 | 雕琢加工后的石体 |

大中型附石盆景石材加工

③ | 种植点选择与挖凿

依照造型构思、石形与附植植物的形态选定种植点，要做到树形与石形相协调。一般情况下，小型附石盆景不论石形如何，均选择在石体顶端；中大型附石盆景石形直立或倾斜的选择在石体中上部，石块横卧的选择在旁边。种植点确定后，随即挖凿种植穴，穴的大小与深浅要看栽种植物种类和茎的大小而定，草本植物一般深度为4~5厘米、宽度为2~3厘米，木本植物一般深度为5~6厘米、宽度为3~4厘米。挖凿工具可用电动冲击钻或铁凿等，挖凿过程要

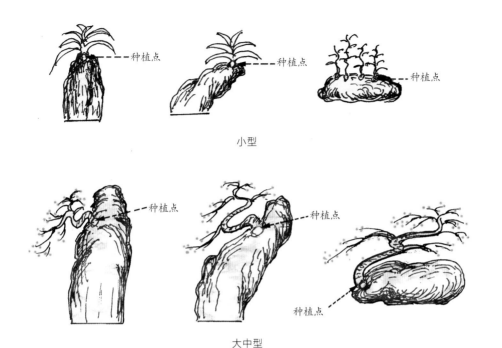

小型

大中型

种植点选择

用自来水边冲洗边挖凿，挖凿结束后要将穴内石屑用水冲洗干净，等待种植。此外，海母石因从海水中采回，石体内含有盐分，在栽种植物前，应放入淡水中浸泡 15~20 天，或长期置于室外，经雨水冲淋至含盐分较低后方可使用。

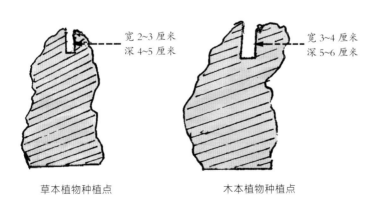

宽 2~3 厘米
深 4~5 厘米

宽 3~4 厘米
深 5~6 厘米

草本植物种植点

木本植物种植点

不同植物的种植点（石体纵切面）

富贵树 + 芦管石
作者：王琼培

可用于制作"以石代土"附石盆景的植物种类较多，木本类植物有：榆树、榕树、罗汉松、福建茶、柘木、三角梅以及比较耐阴、适宜室内长期摆放的异叶南洋杉、富贵树等，草本植物有：网纹草、铁线蕨、文竹、吊兰、虎耳草、绿萝等耐阴品种。此外，适宜室外或阳台摆放的多肉类植物有：仙人掌、仙人球等。总之，要根据个人需要和爱好进行选择。

三角梅 + 海母石
作者：郑振竹

罗汉松 + 海母石
作者：王琼培

附石盆景制作全图解

120

异叶南洋杉 + 海母石
作者：王琼培

榕树 + 海母石
作者：王琼培

　　栽种植物的大小与数量，要看石块大小和不同植物而定，小块石料如种植木本植物，可栽种一株小苗，种植草本植物可栽种一株大苗或数株小苗。大块石料可种植一株大苗，也可以在不同位置，根据石势种植多株小苗。

网纹草 + 火山石
作者：王琼培

铁线蕨 + 海母石
作者：王琼培

文竹 + 火山石
作者：王琼培

仙人掌 + 海母石
作者：郑振竹

种植木本植物

种植草本植物

小型石体栽种植物

中大型石体栽种植物

栽种植物前，先把整块石头放入水中浸泡数小时，让其充分吸收水分，然后在种植穴的底部垫入一些吸水力较强的海苔、普通青苔或泥土，再将植物的根压入穴中（如根太多可剪除一部分），再塞入青苔或少量泥土加以压实，使植株不致倾斜倒伏，最后向穴中浇足水分即完成种植。

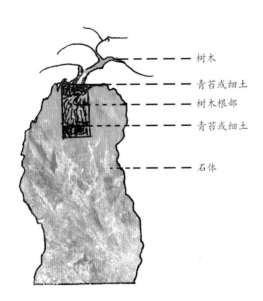

把植物根部压入种植穴

榕树 + 英德石
作者：郑振竹

榕树 + 英德石
作者：郑振竹

如用硬质石栽种植物，则要事先按制作一般附石盆景那样加工好水泥底座，再按石体上的沟缝将植物根部压入，不要挖凿种植点。因硬质石无法吸收水分，压入根部后，要在石体基部垫一些青苔以保持水分供根部吸收。

栽种植物的时间应选择在三四月份，植物过冬后开始萌发新芽时较为适宜，如有调控温湿度和日照的设备，其他季节也可以栽种。

石体栽上植物后，可以直接上盆。盆的选择要看石体大小而定，小型附石盆景一般选择用于养殖水仙花的小型瓷盆或塑料盆，中大型附石盆景可选用圆形、椭圆形或长方形，盆底无排水孔的浅盆，盆中应保持一定深度的水层，供给石体吸收。

二、 养护管理

　　制作完成后，要把附石盆景置于无太阳照射、无大风吹袭的地方养护 15~20 天。其间除耐旱力较强的多肉植物外，其余植物应每天傍晚向叶面喷水 1 次，盆内也要保持水层，供石体自行吸收。待植物恢复生长后，喷施 1 次稀薄多元微肥（按包装袋上说明掺水使用）。此后，依气温的变化，每隔 3~5 天喷水 1 次，每隔 1 个月喷 1 次多元微肥。但对生长旺盛的植物，不一定要经常施肥。

　　"以石代土"附石盆景不必长期放在水盆中养护，为了便于观赏，可以摆放在玻璃板、塑料板或各种石板制成的几架上，小型盆景也可以摆放在各种形状的盘碟中，盘内不需要盛水。石体中的水分在阴天可维持 5~7 天，在夏季高温季节维持时间更短，春季空气

合欢 + 海母石
作者：郑振竹

湿度较大，维持时间会更长一些。如果水分不足，嫩叶会出现萎蔫，出现这一情况，应及时将石体下半部浸泡于水中数小时或用浇灌、喷射水分等方法，使石体吸足水分，植物即可恢复正常生长。

栽种的植物成活并开始生长后，耐阴植物可以长期置于室内光照较好的窗台、客厅窗户边、几架、办公桌等位置，或室外半日照的地方如阳台、树荫下养护和观赏；不耐阴的植物，可以放置室内5~7天后再移至室外养护15~20天，然后再移回室内摆放。如有可能，可以分两批进行室内外轮流摆放，这样既有利于观赏，也不影响植物生长。

"以石代土"附石盆景因植物根部深扎于石体中，养护过程就没有换土这一工序，只要做好浇水、施肥就可以了，且因其生长较慢，无需经常修剪。栽培一年生草本植物，每年必须换苗1次，其他管理措施如防治病虫害等，与一般附石盆景管理养护方法相同。

合欢 + 海母石
作者：郑振竹

"以石代土"附石盆景，如果是用松质石种植木本植物，养护过程必须注意控制植物过快生长，否则扎入石中的根部容易挤裂石体。控制方法主要是在植物生长到一定观赏程度后，只浇水、不施肥，尽量减少浇水次数和浇水量，使植物"只生不长"。

柘木＋海母石
作者：郑振竹

榕树＋芦管石
作者：王琼培

榕树＋英德石
作者：郑振竹

【拥抱终生】

榆树＋英德石
作者：王琼培

附石盆景 制作全图解

一枝红縣露浆禾